◎历史文化城镇丛书

乡村特色营造
实践与探索

单彦名　田家兴　宋文杰　田靓　等著

中国建筑工业出版社

编写单位

中国建筑设计研究院有限公司城镇规划院历史文化保护规划研究所

北京建筑大学建筑与城市规划学院

编写指导

陈春节　张智杰　白琦艳　赵　辉　冯新刚　王　岩　郑正献　王　颖

虞文军　许为一　薛名辉　宋芳晓　白　璐　李　婧

编写人员

单彦名　田家兴　宋文杰　田　靓　袁静琪　高朝暄　何子怡　郝　静

刘　娟　李嘉漪　邹昕争　权可可　俞　涛　高　雅　李志新　黄　旭

韩　沛　冯　尧　许佳慧　龚　雪　韩　瑞　唐　宁　王　岚　张士骄

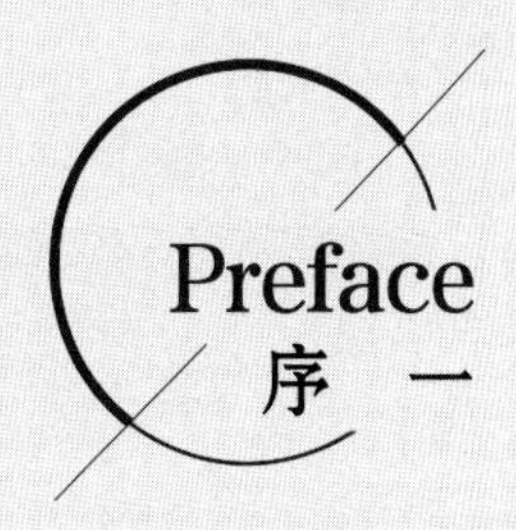

中国建筑设计研究院城镇规划院在乡村振兴领域做了很多项目，他们对一些重要实践探索进行总结，从乡村振兴的不同视角层次出发，比较全面地梳理不同主体推动乡村振兴的方向、目标、模式、路径，做了一件很有意义的工作。

乡村振兴是乡村的全面振兴，涉及产业、文化、生态、人才、组织等多个方面。不仅要从乡村内部的要素整合、机制建设、市场激活、产业培育、人居提升等多个方面探索新路径、新模式，还要跳出农村，从镇村融合和城乡融合的角度，将农村融入区域统筹城乡一体的大系统中去考量。乡村特色营造的理念和行动，就是在这样的大背景下提出的。在实践中，不同层面的乡村营造主体形成了多样的乡村振兴模式和方法。不同模式之间并无优劣之差，仅有去就之分，但其中必有特色经验，亦有问题瓶颈。本书基于这样的立足点，选择从区县层面、乡镇层面以及村庄层面三个乡村营造的层次出发，以实践案例的方式，深入乡村振兴的实操环节，总结基层经验，发掘实际问题，探索路径方法，开展相关研究。

本书最后一章提出的乡村特色营造建议，集中聚焦在全域统筹工作的关键点、不同类型乡村振兴的发展路径、共同缔造的方式探究以及保障机制的创新探索等方面，提出了相应的实践建议。

乡村振兴作为国家战略已在全国各地贯彻落实，全面乡村振兴刚刚起步，还有一个比较长的历史过程。及时总结和借鉴各地的发展经验，依据本地实际推进乡村振兴，应该是本书的宗旨。相信这本书可以起到这样的作用。

住房和城乡建设部村镇建设司　原司长

李兵弟

2023年11月24日

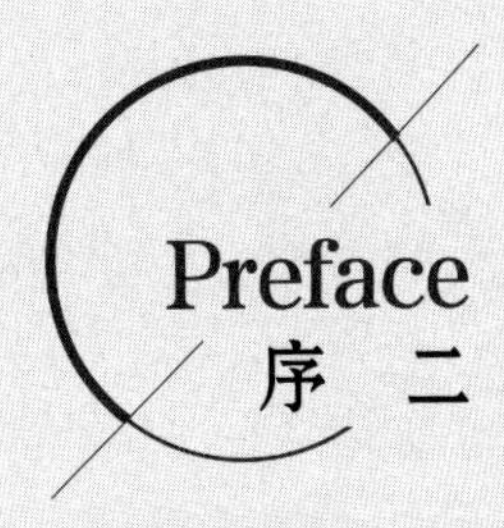

Preface 序 二

中国建筑设计研究院城镇规划院长期深耕乡村振兴领域，本次编纂立著，意在将近些年在乡村营造、传统村落保护传承等方面的典型实践进行梳理，总结乡建问题、特色，思考乡村振兴路径与模式。

乡村营造是乡村振兴战略的具体行动体现，各地区依托自身的特色提出因地制宜的营造模式和营造试点样板。目前“乡村营造”尚处于实践探索阶段，其理论内涵尚不清晰。研究从国内外乡村建设发展的不同概念和模式出发，试图梳理出一些“乡村营造”的内在要素、路径和模式，与下一步展开的案例探索和思考相互印证，互为借鉴。从不同的实践案例来看，无论是“社区营造”，还是“共同缔造”，或者从省市县到乡镇再到单村层面，我们能明确地感受到，“以人民为中心”的乡村营造是乡村振兴的灵魂所在，失去了村民参与的乡村营造没有根基，也脱离了乡村振兴战略的本质目标。

福建省是该院的重要实践基地，单彦名副院长带领的团队长期深耕八闽大地，开展乡村振兴相关的策划、规划、设计和实施运营探索。研究的6个案例中就包含了其团队所服务的永春县五里街镇西安村和德化县美湖镇案例，通过两个案例梳理了福建省乡村振兴以及传统村落保护传承过程中政府、设计师、地方工匠与村民共同深入参与的方式与方法，探索了乡村建设中开展全域竞合、全流程闭环服务等模式，创新应用“以修代租”“工料分离”等降本增效、促进多方共同参与的措施于传统村落保护利用，具有一定的创新性和示范推广意义。

总体来看，本书以乡村全面振兴为目标，以一系列深入浅出的案例为抓手，从“区县统筹—镇村联动—产业培育—空间激活—组织管理—施工运营”等乡村营造的综合系统出发，走出了一条从纸上规划到实际建设运营的实践探索之路，个中策略与路径有利于为其他地区乡村的全面振兴提供相应借鉴。希望本书能够为读者带来这样的有价值的阅读体验。

福建省乡村振兴研究会常务副会长

福建省住建厅原一级巡视员

王胜熙

2023年12月6日

Foreword 前言

本书是基于北京市规划和自然资源委员会"'百名规划师，百村示范行'活动——乡村营造实践试点与乡村责任规划师机制研究"课题成果以及中国建筑设计研究院城镇规划院近些年在乡村振兴领域相关实践探索总结的基础上撰写而成，意在将近些年乡村营造、传统村落保护传承等方面的典型实践进行梳理归纳，并尝试总结乡建问题、特色，思考乡村振兴路径与模式。

乡村振兴是乡村的全面振兴，这要求我们跳出农村，从镇村融合和城乡融合的角度，用农村融合城乡一体的大系统去考量问题。乡村营造是乡村振兴战略的具体行动体现，也是共同缔造和乡村建设的提质升级，是一种"物质层面"和"精神层面"同步提升的整体性乡村改造。在我国乡村振兴的实践探索过程中，根据不同层面的城乡关系的变化形态，相应地出现了不同的乡村营造模式。不同层面的乡村营造模式各有利弊，互为补充，共同推动着我国的乡村振兴。各地区依托自身的特色提出因地制宜的营造模式和营造试点样板。因此，本书基于这样的立足点，选择从区县层面、乡镇层面以及村庄层面三个乡村营造层次出发，以实践案例的方式，深入乡村振兴的细枝末节，总结经验、发掘问题，探索路径方法，开展相关研究。主要研究内容如下：

第1章为乡村营造概述，简述了乡村营造的发展背景和概念，通过乡村建设的不同概念对比以及国外乡村建设的发展特征总结，落脚到对我国不同层面乡村营造的模式认知。

第2章为村庄层面的特色营造实践，以福建省永春县五里街镇西安村和北京市门头沟区斋堂镇马栏村为例，阐述在单村层面如何运用“工料分离”“沉浸式保护传承”等方法降低营造成本，最大化自身优势，并延伸了单村层面如何扬长避短开展乡村营造工作的探索。

第3章为乡镇层面的特色营造探索，以福建省泉州市德化县美湖镇和北京市房山区史家营乡为例，探索“全域竞合”和“景村融合”等多样化的镇域统筹振兴模式，并开展镇村联动下的乡村振兴模式探究。

第4章为区县层面的特色营造统筹，以江苏省“特色田园乡村”行动和北京市“百师进百村”活动为例，梳理在省、市、县等更为宏观的层面开展目标明确、路径清晰、保障措施创新的全域统筹振兴模式与经验。

第5章为乡村特色营造实践建议，在总结以上三个层面乡村营造经验的基础上，结合以上几个案例以及全面涌现出的其他优秀实践，聚焦几个重点问题，即全域统筹工作的关键点、不同类型乡村振兴的发展路径、共同缔造的方式探究以及保障机制的创新探索几个方面，总结乡村营造的内在规律，提出相应的实践建议。

本书在编制过程中得到了多位专家学者的悉心指导，尤其是得到了中国建筑工业出版社的大力支持，在此对他们的工作和对本书的帮助表示衷心感谢！此外，由于针对乡村营造的认知多样，乡村发展的理念与方向也是多样的，著者对其认识难免有不足之处，书中引用的材料已标明出处，如有遗漏，敬请指正。希望在乡村振兴领域与大家携手共进！

编写组

2023年11月10日

Contents
目 录

Chapter 1

第 1 章

乡村营造概述

◀ 泗阳县八堡村

1.1 乡村营造的发展背景

2020年是全面建成小康社会收官之年，我国现行标准下农村贫困人口全部实现脱贫、贫困县全部摘帽、区域性整体贫困得到解决，提前10年实现《联合国2030年可持续发展议程》减贫目标。脱贫攻坚和全面建成小康社会如期实现，我国迈入乡村振兴全面提质阶段。但脱贫摘帽不是终点，而是新生活、新奋斗的起点。中共中央、国务院多次提出打赢脱贫攻坚战、全面建成小康社会后，要在巩固拓展脱贫攻坚成果的基础上，做好乡村振兴这篇大文章，接续推进脱贫地区发展和群众生活改善，做好巩固拓展脱贫攻坚成果同乡村振兴有效衔接。

乡村振兴是乡村的全面振兴，乡村振兴战略二十字方针内容是“产业兴旺、生态宜居、乡风文明、治理有效、生活富裕”。这就要求我们不仅要从农村内部的要素整合、机制建设、市场激活、产业培育、人居提升等多个方面共同探索新路径、新模式，还要求我们跳出农村，从镇村融合和城乡融合的角度，用农村融合城乡一体的大系统去考量问题，通过促进城乡之间要素自由流动、产业合理分工、市场一体整合、功能扬长互补，带动和促进乡村全面振兴。

正是在这样的背景之下，提出了乡村营造的理念和行动。浙江省率先提出“千村整治、万村示范”工程。通过实施万家新型农业主体提升、万个景区村庄创建、万家文化礼堂引领、万村善治示范、万元农民收入新增的“五万工程”，体系化、系统化推进全省乡村营造和振兴。江苏省于“十三五”末期，开始开展特色田园乡村建设试点行动，累计公布3批136个省级特色田园乡村建设试点，并提出打造特色产业、特色生态、特色文化，塑造田园风光、田园建筑、田园生活，建设美丽乡村、宜居乡村、活力乡村的江苏特色田园乡村现实模样。北京在“十四五”期间，提出了“北京乡村营造试点”行动，按照“试点示范，分步推进”的工作思路，在全市10个区规划建设和重点培育100个左右乡村营造试点。通过产业、生态、人文、设施、组织等方面联动营造，建设培育乡村营造建设示范村庄。

总体来说，乡村营造是乡村振兴战略的具体行动体现，各地区依托自身的特色提出因地制宜的营造模式和营造试点样板。目前“乡村营造”还处于实践探索阶段，其理论内涵尚不清晰。基于此，我们从国内外乡村建设发展的不同概念和模式出发，试图梳理出一些“乡村营造”的内在要素、路径和模式，与下一步展开的案例探索和思考相互印证，互为借鉴。

1.2 乡村营造的相关概念

1.2.1 社区营造的概念

20世纪60年代末，中国台湾乡村在全球化与城镇化双重压力下，出现了产业陷入困境、村民外迁、社区缺乏生气等问题，1965年中国台湾地区行政管理机构颁布《民主主义现阶段社会政策》，正式将社区发展与社区建设列为其中的七大措施之一，1968年又发布《社区发展工作纲要》，至1983年将《社区发展纲要》修订为《社区发展纲领》，在15年间实施了以社区基础建设、社区生产福利建设和社区精神伦理建设为核心的社区发展运动，对社区发展产生重要影响。至20世纪90年代初，中国台湾的社区居民在一些环保组织的推动下掀起了集体抗争运动，激发了社区居民的市民意识。同时，这个时期的地方文化及古迹、民俗保护运动也在复兴，一些文化精英重返乡村并开始关注城乡差距、文化与生态危机、农村衰败等现象，由此开展一系列关于乡村文化复兴和文化创新产业振兴的行动，给社区注入新鲜的活力。

《台湾社区营造政策20年发展刍议》记载，中国台湾社区总体营造的核心理念是，社区不仅是一个地理概念，也是一种文化存在。社区营造不仅是对生活环境的改善，也是对社区文化和人的改造。中国台湾社区总体营造主要有两种类型，即“城市社区营造”和“乡村社区营造”。

1994年，中国台湾文化建设事务主管机构提出“社区总体营造”施政理念以及“造人”“造景”“造产”的社会性、功能性、经济性目标，以单一的地理范围或团体组织为执行对象，从点做起，树立运营良好的示范性社区作为观摩学习、经验交流和模式建立的依据。2004年,《台湾健康社区六星计划》以“产业发展、社福医疗、社区治安、人文教育、环境景观、环保生态”作为社区营造的六大面向，重视社区的主体性及自主性，培养社区自我诠释的意识和解决问题的能力。中国台湾文化建设事务主管机构在2008年《磐石行动：新故乡社区营造第二期计划》中提出，借由“行政社造化”“社区文化深耕”和“社区创新实验”，通过“理念培育、资源整合和跨域合作”等方式，以期达到强化地方自主互助、促进社区生活与文化融合、激发在地认同情感、开创在地特色文化观光内涵的目的。

由行政管理机构统筹组织，以社区居民为主体、专业团队作为辅助（如各种类型专家、学校团体、科研机构、基金组织等）的管理团队。行政管理机构提供政策支持、经费、线上线下交流平台等服务，社区居民贯穿于方案设计、讨论协商、推动实施、效果评价及反馈成果的全部过程，并在营造过程中不断创造沟通机会，在知识课程的学习培训中形成社区共同意识。专业团队参与乡村社区营造活动的诠释，帮助社区居民弥补观念与知识的不足，并在人才培训、导览解说、资源引入等方面发挥着重要作用。

1.2.2 乡村建设的概念

随着时代的发展和城乡一体化进程的加快，单一的乡村建设已经无法满足村民日益增长的物质和文化两个方面的需求，继而新农村建设和美丽乡村建设两个概念被提出。《中国乡村建设》一书中指出：“在乡村这一特定地域中的，关乎乡村的生产、村民的生活的各个类型的建筑活动，即乡村建设。”具体地说，乡村建设包括：（1）农民住宅和农民需要的各项生产性房屋建设；（2）村庄和集镇建设（简称村镇建设），包括道路、桥梁、供水、排水、供电、通信等基础设施建设，以及学校、文化馆、影剧院、医疗所、幼儿园、供销社、商店等文教卫生和商业服务设施建设。乡村建设工作是包括上述规划、设计、施工以及管理等各项工作的总称。

乡村建设是自上而下的线性链接式的结构形式，具有很强的导向性。上级领导部门主要负责决策，下级乡镇政府、村委会等主要负责执行，基层村民主要负责接管使用。在此中间，上级主管部门会与乡村建设的专业人员，包括规划师、建筑师、建造者等专业团队进行多方面的规划设计和可行性评估；下级乡镇政府也会与村委会干部、村民进行协商，最终达成共识，并进行职能分工、逐步推进落实。

1.2.3　共同缔造的概念

“共同缔造”是我国结合乡村实际自上而下推动倡导，自下而上不断实践推陈出新而形成的一套实现乡村振兴的认识论和方法论，旨在促进美好环境与和谐社会的共同发展，建设以人为本的乡村，是政府、村民、规划师等协商共治、建设美好人居环境的行动，从而打造共建、共治、共享的社会治理格局。

住房和城乡建设部《关于在城乡人居环境建设和整治中开展美好环境与幸福生活共同缔造活动的指导意见》（建村〔2019〕19号）指出，近年来，福建、广东、辽宁、湖北、青海等省的部分市（县）陆续开展了“共同缔造”活动，基本做法是以城乡社区为基本单元，以改善群众身边、房前屋后人居环境的实事、小事为切入点，以建立和完善全覆盖的社区基层党组织为核心，以构建“纵向到底、横向到边、协商共治”的城乡治理体系、打造共建共治共享的社会治理格局为路径，最大限度地激发了人民群众的积极性、主动性、创造性，改善了人居环境，凝聚了社区共识。

“共同缔造”的底层逻辑在于：认知到只有生活在本地的村民，才最能体会自己生活中存在的问题，才清楚有哪些紧迫的需要。让村民自己管理自己，改善村庄环境，提升生活质量，才能真正符合村民对美好生活的向往目标。自然村是共同缔造的基本单元，以自然村为基础能够更好地调动广大村民参与社会治理、乡村振兴的积极性；同时通过自然村能够将基层治理覆盖到各家各户，提高基层社会治理水平。参与是共同缔造的重要内涵，需要以“共同”的理念和方法来开展社会治理，搭建多种参与平台，让村民充分发挥其主体作用，践行党的群众路线，变政府唱主角为村民唱主角，变“为民做主”为“由民做主”。

1.2.4　乡村营造的内涵

乡村营造是共同缔造和乡村建设的提质升级，是一种“物质层面”和“精神层面”同步提升的整体性乡村改造。乡村建设是乡村营造的基础，是“从无到有”的过程，而乡村营造是“从有到优”的探索。共同缔造是在乡村建设的基础上提出的创新决策机制，从乡村建设延伸到乡村治理，决策主体发生转变，更具开放性、多元性和持续性，旨在通过机制构建，达到多元共治的状态。我国目前乡村营造主要围绕产业经济、生态文明、文化传承、设施服务、社会治理五个方面展开。

乡村营造是实施乡村振兴战略的重要组成部分。乡村社区营造的对象主要集中于居民点建设，以及村庄建设区以内的景观、设施、产业提升。而乡村营造的营造对象为村域整体，包括乡村的生产、生活、生态空间，是整个村域人、文、地、产、景的营造。从我国的前期实践经验来看，新农村建设和美丽乡村建设属于乡村建设的两个阶段，更加注重“物质层面”的建设；而新时代背景下，乡村振兴追求的是“全面振兴”，要求“物质层面”和“精神层面”同步提升，是一种整体性乡村改造，坚持软硬件同步抓，以实现产业、人才、生态、组织和文化的全方位振兴。

乡村营造是乡村建设的提质升级，是实现农业农村现代化的重要内容。乡村营造包含了乡村建设的工作内容，建设成果是营造成果的其中一个表现形式，由此可知，乡村建设是乡村营造的基础。建设的目标是“从有到无”，而营造的目标是“从有到优”，而营造的先决条件是在原有成果上进行改造提升。“十四五”规划强调，将改善乡村公共基础设施摆在优先位置，实现脱贫地区公共服务设施从“有”到“好”的转变。

乡村营造是乡村传统管理的创新改进，是推进乡村治理现代化的有效途径。社区营造的成功在于能够“自下而上”发挥民间自治的力量和自组织的力量，解决当地居民的核心诉求。而在中国特色社会主义国情下，需要上下结合，在政府主导下搭建共建平台，政府推进引导手段，构建多方共建机制，以居民为主体建立民间自组织治理，促使最后形成由下而上的民间自治能力和政府行政能力。

1.3 国外乡村发展建设政策借鉴

党的十九大报告提出实施乡村振兴战略，为新时代中国农业农村的发展指明了方向。乡村的基础公共设施建设关系农民生产、生活质量以及城乡发展平衡等问题，是实现农业农村现代化的必由之路。然而，如何建设乡村基础设施是一个庞大的系统工程，需要统筹规划，因地制宜建设。我国在这方面经验不足，尚在探索。在这方面，无论是地缘和文化上都具有相似性的日本与韩国，还是现代化程度更为发达的欧美国家，在推进其农村振兴的过程中都制定了一些适合本国国情的政策并取得了不错的成果。总结这些国家的成功经验、归纳不足、取长补短，有助于稳步推进我国的乡村振兴事业。

1.3.1　日本乡村建设情况

（1）第一阶段（1955～1960年）：土地整改，第一轮基建整备

从20世纪50年代起，日本开始推动新农村运动，旨在修整农村基础建设。1955年，日本农林水产省提出“新农村建设构想”，强调前瞻布局，实现农村经济复苏。针对农业，完善农业基础设施，中央政府利用政府直接投资、低息贷款和直接补贴等多种方式不断增加对农村公共基础设施建设的资金力度，扶持新农村建设。主要集中在道路和电力等基础领域。

这一时期取得的明显成就是，日本农村地区逐渐摆脱了第二次世界大战后衰败、落后的现状，各村庄建设了大量的农业基础设施，勉强跟上了全国的节奏。但基础设施的建设情况处于低水平，与城市相比仍存在较大差距。

（2）第二阶段（20世纪60年代）：全面改善基建，布局农村建设

20世纪60年代是日本工业化与城市化发展的高峰，吸纳了农村大量人口的城市持续繁荣，导致农村青壮年劳动力缺失，城乡发展差距逐步拉大，农民生活水平不高。这一时期，日本相继出台各项关于乡村振兴的政策。为了激活乡村活力，日本开展了第二次大规模乡村基础设施建设，提出美丽乡村的建设目标，全面改善基建，布局农村建设。

在这一阶段的农村乡村基础设施建设覆盖较为广泛：首先，成立专门机构负责农村水利设施、防灾等生产类基础设施的规划和建设，制定农村水利设施功能维护指南，并有专人负责设施的维护和管修。其次，关注生活环境改善。日本各地村庄开始重视农村生态保护，翻新和改建农村民居，普及自来水管道，新修高速路网以链接农村与山区，促进各村联系合作。最后，完善村庄公共类基础设施。建设学校、医疗机构和集会场所，发展农村科教文卫事业，建立农村社会保障制度，改善人居生活质量。

这一时期的明显成就是乡村风貌得到了巨大改变，生活环境得到改善，生产和生活类基础设施趋于完善，人们的生活质量得到显著提高。种种改善为以后城市人口与资金的“返乡潮”打下了基础。

（3）第三阶段（20世纪70～90年代）：强化乡村基建，打造特色品牌

20世纪70年代的石油危机引发世界经济动荡，以石油为依靠的经济发展模式因高昂油价呈现停滞状态。以财政投入和信贷支撑的城市发展模式出现“瓶颈”。于是日本开始了“造村运动”，标志着日本第三阶段的新农村建设开始。这一阶段和之前的区别在于，这是农村自主的“自下而上”的振兴运动，是在不依赖能源和政府资金投入的前提下实现乡村的自我更新。

其中以1979年开始的“一村一品”活动影响最为广泛。通过开发特色农业产品，培育具

有地方特色和文化价值的农业品牌以增加农产品的附加值，提高农民收入。在各地的乡村振兴探索中，“一村一品”理念脱颖而出，各地纷纷效仿，培育本地拳头产品。在基础设施建设方面，日本投入巨资加大农村基础设施，尤其是农田水利设施建设，从而为农业经营者创造良好的投资环境，其资金主要是通过财政支付。各地也开始重视文化类、服务类基础设施的建设。到了20世纪80年代，日本经济到达顶峰，出现了庞大的中产阶级人群，在这一时期，生态旅游、体验乡村等概念开始出现，满足了这些人群对乡村休闲的需求。政府也适时推出了《综合休闲区发展法》和《乡村地区发展法》等一系列加强乡村旅游建设的政策，引导城市市民下乡，用工业化与城市化的成果反哺农村经济。

在这一阶段，乡村的基础设施带着城乡等值的标尺进一步强化，很多乡村的基础设施完备度和面貌已不亚于城市水准。不仅是基础建设方面的改善与美化，美丽乡村运动还是一个涵盖对乡村立体式体验的系统性改造。1992～2002年期间，还连续评选美丽乡村景观表彰奖，鼓励那些通过地方居民努力构建的农山渔村景观的成绩，以期更好地推广和保护乡村景观环境。因此日本出现了很有趣的现象，往往越是山区的乡村，基础设施越好，面貌越美观，甚至部分超过了普通城市水准。

（4）第四阶段（21世纪）：推进可持续发展与数字化

进入21世纪，日本老龄化严重，农村人口流失现象日益突出，同时乡村旅游的开发对环境产生一定破坏，为了保持农业的可持续发展，日本开始推进有机化农业。2001年日本农林水产省制定了“21世纪农林水产领域的信息化战略”，在村庄内铺设光纤，普及宽带网络以加强农村信息通信基础设施的建设。这为先进农业机械以及农业信息数据的使用奠定了基础条件。2017年日本搭建全国统一的农业数据平台，汇总与农业相关的各种数据，为农民提供气象、土壤、交易行情等各类数据和信息服务，打破行业壁垒和信息差，提高农业生产效率。日本致力于实现农业高端化升级，使农村面貌焕然一新，农民收入水平与生活水平大幅上升。

此外，日本还推动建立代表农民利益的农民经济合作组织——“农协”，形成以“农协”和村行政自治组织并行的乡村二元治理结构。日本农协具有完整的组织体系和高度的农户覆盖率，形成以行政村为基本单元的全国性组织网络，并且覆盖日本农户95%以上。农协是负责农业生产指导、农业生产物资和农民生活物资采购、农产品销售运输、信贷支持保障和提供社会服务的互助性非营利农民合作组织。农协作为农村行政组织的补充，可以更好地保障农民的合法权益，协调村民与村行政组织之间的关系，成为村民与村行政组织的有效沟通渠道，能够有效团结村民，扩展乡村治理范围的广度和深度，提高乡村治理的效力。

1.3.2 韩国乡村建设情况

进入20世纪70年代，在快速迈向工业化、实现国家现代化的进程中，韩国经济结构失衡问题显著，尤其是农村发展落后于城市，农民收入增长缓慢，农村人口向城市转移，乡村人口流失严重。韩国政府20世纪60年代末开始在农业政策上进行调整，其突出的事件是1967年颁布、1970年修订的《农业基本法》，其侧重点在于提高农业生产力，逐步缩短与其他行业的差距，增加农民收入，提高农民生活水平。

韩国乡村建设的标志性事件是1970年韩国政府在全国范围内发起的“新村运动”，致力于改变农村落后面貌，以及农业发展滞后的现象。以政府出资支持、提供政策支持与引导农户自主发展相结合，“新村运动”的重点内容如下。

第一，发挥中央和地方政府的双重积极性，为农村基础设施和公共设施改善提供资金。首先，改善农村硬件设施，中央政府注资兴修水利，建设大规模灌溉工程，平整农田，并且通过大规模全民性植树造林运动保护森林资源。其次，对农房进行维护和修缮，改善农民的生活环境质量。对公路、桥梁、河道等基础交通设施进行修建，加强城乡优势互动。最后，修建公共供水排水系统以及电网等生活基本建设设施，改善农村整体卫生条件，提高乡村对水资源的循环利用效率，满足农户的基本生活需求。

第二，适时调整发展方向，巩固成果并引向深入。在20世纪70年代末，随着农村基础设施的改善和农民收入的增加，城乡差距逐渐缩小。韩国政府开始鼓励发展农村工业，特别是农产品加工，并注重乡村文化的建设和培养。以“勤勉、自助、协作”等价值观为核心，鼓励农民自发地建设自己的家乡。政府提供支援，并以农民手中的资金和居民组织为基础，进行自发的家乡建设运动。同时，注重政府的支持与农民的集体性自主决策相结合，充分发挥农民的自主能动性。政府鼓励农民发扬创造精神和探索精神，利用自身力量改变农村的现状。乡村的最高决策机构是村民大会，通过积极推动农民参与决策，提出建议，调动集体智慧，根据实际情况做出较好的决策。

此外，韩国政府注重发展乡村农业教育，培训农业技术人才和村庄指导员，培训范围包括指导员的精神面貌、生活习惯的规范，以及指导业务和技能的考核。女性也参与了村庄的改善工作，为乡村的进一步发展提供坚实的人力资源支持。这样的措施使得农民学习到了必要的知识和技能，能够更好地建设乡村，并为农村的现代化进程做出贡献。通过政府的支持和农民的集体性自主决策，韩国的乡村发展得以全面推进。

第三，“新村运动”后期阶段，韩国政府开始组织全国范围的“城市关爱农村”运动，核心是“一社一村”运动，充分利用社会力量和企业资本优势，组织企业或学校对口一个村支持农村建设，帮助农村进行宣传，采购其农副产品，组织城市义工参加农业生产劳动，开展农业旅游观光活动，参与农村技术开发，帮助农村信息化建设等。

1.3.3 美国乡村政策情况

（1）第一阶段（1936～1971年）：以电气为主的农村基础设施建设阶段

20世纪30年代美国处于经济大萧条时期，农产品过剩，价格严重下跌，大量农场主破产。1936年，美国联邦政府出台《农村电气化法》，标志着美国乡村发展政策体系正式开启。该法为农村合作社提供低息贷款，建设农村电气化设施，加速了农村电气化设施建设的标准化、规范化。

这一时期美国农村政策主要集中在农业，尤其是在农场经营管理以及农产品供给方面。乡村如何发展并未受到特别重视，相关政策内容很少。政府只是出于对整体经济的考虑，出台涉及农业农村的扶持政策，间接促进了乡村发展。

（2）第二阶段（1972～1989年）：农村政策向独立化和多元化转变阶段

20世纪60年代以来，美国的经济从繁荣期进入瓶颈期，面临战后经济社会的重大转折。农村社会结构向非农化社会结构转变。农村面临人口大量外流，存在农村人口老龄化、经济落后等诸多棘手问题。因此，美国开始以立法为支点开展了一系列改革以推进农村发展。

1972年，美国出台并实施《农村发展法》，标志着农村政策制度化时代的到来，该法提出在全国范围内开展农村发展计划，从基础设施建设、农村信贷、农村供水、公共住房、农村研究与开发活动等方面明确了乡村发展目标。美国在20世纪80年代又出台了《农村发展政策法》，美国农村发展政策关注的领域逐渐全面。1987年，政府提出“六点乡村再生倡议”，强调加强农村教育培训、建立地方农村信息中心、创造就业机会、促进乡村商业发展、加强环境保护和改善基础设施六方面内容建设乡村。

这一时期，政府对农村发展的理念发生了转变，乡村发展问题早已脱离了农场经济范畴，不再单纯发展农场经济来解决乡村发展问题。乡村发展目标不再简单锚定经济因素，开始从保障农村人口最低生活水平向创造乡村环境转变。这一阶段明显的变化在于支持乡村发展的政策开始丰富起来，政策指向性不断增强。

（3）第三阶段（1990年至今）：乡村发展政策成熟阶段

这一时期，美国主要通过农业法案推行政策调整，将农村发展政策与农业发展政策相结合，互补互动以适应形势发展的需要，美国乡村发展政策开始进入成熟期。

1985年的美国《食品安全法》还只涉及农业发展问题，1990年《粮食、农业、保育和贸易法案》的实施是美国农村政策的一个转折点，“乡村发展计划”作为单独一章被纳入法案中，开始成为美国农业政策的重要考量。1993年，政府提出《美国乡村发展战略计划：1997—2002年》，用于支持农村商业合作、住房、社区公共服务、电力、通信、水和废物处理以及贫困社区可持续发展方面的项目。美国政府在2002年发布的《农业安全与农村投资法案》中规定，10年内大幅提高对乡村地区的支持力度，新增拨款700亿美元。与此同时，2002年还对“乡村发展计划”项目进行了扩充，如实施农村电子商务推广计划，支持贫困乡村社区优先发展和水土保持与农业资源保护。美国2008年和2014年实施的农业法案中“农村发展”大都与农村社区建设有关，如建设投资农村宽带设施、水和污水处理设施，支持农业增值和农村商业活动，扶持落后农村社区，为学院、医院、公共安全等必需设施提供融资等，促进农村社区基础设施建设投资。为帮助农村社区建立持久繁荣发展的基础，公用事业服务部门提供水和污水处理、宽带、电气化等关键基础设施的投资。

经过80多年的发展，美国对乡村振兴的认识不断深化，政策内容逐渐从单一支持农场主经济向环境保护、提高农民收入、改善农村基础设施、教育培训等全面发展的政策转变。从美国的实践经验看，政府前期将大量投资投入到水、电、交通等公共基础设施。中期开始注重农村贫困问题，通过引入新兴产业、技术支持等多种手段提高居民收入水平。后期美国政府更多关注教育培训、就业、生态环境保护等领域，着重培育乡村的自我发展能力。

1.4 不同层面的乡村营造

城乡融合是实现乡村振兴的基本路径，我国长期存在的城乡二元经济结构是严重制约我国经济发展的壁垒。因此，乡村振兴意味着城市和乡村的关系从乡村支持城市、城市带动乡村发展转变为两者双向互动的关系。在我国乡村振兴的实践探索过程中，根据不同层面的城乡关系的变化形态，相应地出现了不同的乡村营造模式。

归结起来看，主要有三种，即省、市、县层面统筹推动的乡村振兴模式、镇村联动的乡村营造模式和村庄主体的乡村营造模式。不同层面的乡村营造模式各有利弊，互为补充，共同推动着我国的乡村振兴。

1.4.1　省、市、县层面统筹推动的乡村振兴模式

统筹推动的乡村振兴模式，以县或县级以上行政部门为主导，通过自上而下的组织模式统筹发动。统筹推动的乡村振兴覆盖全域，在人才、资金、政策和社会带动上具有巨大的优势，短期内能够较快整合各方力量形成合力，出现成效。但也会出现振兴方向踏空、投资效益低、成效不可持续，以及“面子工程”的情况。

县级及以上行政部门推动乡村振兴的关键在于统筹推动机制的建立、分类推动、试点带动、政策保障等几个方面。统筹机制的建立着重解决全域乡村振兴战略目标、策略的制定，实施路径的选择，合理引导乡村振兴空间格局，统筹乡村产业格局，统筹全域基础设施与公共服务设施配置，形成乡村振兴重点示范项目清单等内容。为全域乡村把好脉、制定好方向和路径以及核心的着力点，并通过多元政策保障助力乡村全面振兴。

分类推动的关键在于因地制宜，分类振兴，实现各美其美、美美与共的效果。一般来讲，着力推动重点村的综合能力提升，强化特色村的特色化塑造，推动一般村的人居环境提升，有序开展迁并村的稳定过渡，并针对不同村庄统筹谋划垃圾污水处理设施的设施配置类别、区位布局。基于不同文化风貌的村庄形成具有地域特色的乡村建设风格，引领乡村高品质建设发展。

试点带动的关键是形成示范经验和样板带动效应。可在全域范围内选取若干个试点村进行示范项目建设，推动近期“有亮点、显成效”。试点示范往往聚焦于乡村人居环境提升、村庄特色空间营造、“地标性”田园建筑建设以及乡村数字化智能化等板块，建设一批文旅乡村、特色产业乡村、零碳乡村、数字乡村、未来乡村等，有力指引其他村庄的振兴之路。

政策保障的关键在于资金、土地、房屋等的制度保障创新和突破。制定突破城乡融合发展瓶颈的创新政策制度能够有效推进全域乡村振兴建设项目落地实施。无论是农村集体经营性建设用地入市政策制度、农村零散的存量闲置用房制度，还是乡村振兴地方金融服务制度、农业科技培育机制，都有较多可以深化和创新的地方。在县级以上层面探索高效的制度创新对全域的乡村振兴都大有裨益。

1.4.2 镇村联动的乡村营造模式

“镇村联动”的概念主要来源于“城乡统筹发展”和“城乡一体化发展”的战略部署，学术界并没有统一的界定。“镇村联动”的理论与实践在不断摸索中发展和完善，目前主要以地方实践探索为主。“镇村联动”的乡村振兴，其核心在于以镇为主导，联动乡村共同推动乡村振兴。

蔡安青[①]（2014）在总结江西省镇村联动建设的实践后，指出村镇联动的核心内涵，即“镇村联动”建设是以小城镇为城乡融合的载体，把乡镇集镇及所在地和周边村庄作为一个整体，集中进行整治建设，把城镇化与新农村建设紧密结合，是通向城乡一体化的桥梁，开创城乡协调、共同繁荣的城乡发展一体化新局面。熊正贤[②]（2019）以贵州朱砂古镇和千户苗寨为例，运用耗散结构的运行机理，总结镇村联动的三个基本经验：一是镇村联动发展需要找准主客体，借机促进“他组织”向“自组织”转变。二是镇村联动发展要从镇村的空间重构开始。三是镇村联动发展要保持足够的开放性。从镇村联动的组织方式、空间联动方式和要素整合方式等角度说明镇村联动的运行路径。谭丽婷、武小琛[③]（2018）在评估了北京市10个小城镇的镇村联动情况基础上，指出政府政策支撑、规划编制指导、企业引入机制、村民共同参与机制等几个方面存在的问题，并提出“多元模式、完善编制、建立平台、完善政策、规划管理”的优化路径。这些研究都为笔者的研究提供了较为系统的经验和借鉴。

总结来看，镇村联动发展是指小城镇和村庄作为一个整体统筹规划、统筹发展，强调生产要素的双向流动，资源互补，通过合理配置公共服务设施、共建基础设施、共治生态环境，实现以镇带村，以村促镇，镇村融合。

1.4.3 村庄主体的乡村营造模式

村庄主体的乡村营造模式由村委和村民作为直接发起主体，主导乡村振兴。基层村是乡村振兴的基本单元，以村庄为主体的乡村营造往往具有自发性质。其优势一是以基层村为基础能够更好地调动广大村民参与社会治理、乡村振兴的积极性，民众参与程度高；二是执行效率高，能够有效地形成合力，提高效率；三是能够有效吸引乡村能人，开展乡村事业；四

① 蔡安青. 江西镇村联动建设中存在的问题及对策——以永修县为例[J]. 江西行政学院学报，2014，16（1）：4.
② 熊正贤. 乡村振兴背景下特色小镇的空间重构与镇村联动——以贵州朱砂古镇和千户苗寨为例[J]. 中南民族大学学报：人文社会科学版，2019，39（2）：5.
③ 谭丽婷，武小琛. 北京市小城镇镇村联动实施模式研究[J]. 小城镇建设，2018（1）：8.

是通过基层村能够将基层治理覆盖到各家各户，提高基层社会治理水平。

然而，单村层面的乡村振兴也有诸多的不足之处。首先，最大的问题是资金有限，发展速度慢。村集体收入以及村民募集资金往往规模有限，政策支持资金的获取渠道不通畅，也缺乏金融支持的基础抵押物和基础保障。其次，以村民为核心的管理组织，管理能力有限，管理能级有限，缺乏长效高效的管理机制。最后，乡村产业振兴的能力不足，培育的规模有限，产业品牌较难建立，市场信息渠道较为闭塞，产品附加值较低。

村庄主体的乡村振兴成功案例多以能人带动为主，乡村能人带来资金、指明方向、带领村民共同参与利益共享。这种模式中最关键的益处是村民作为振兴家乡的主体，也充分享受振兴家乡的收益。值得说明的是，这种模式与全域主导和镇村联动模式并非不兼容，有了全域的统筹机制保障和镇村的联动振兴，以村民为主体的乡村振兴将会相得益彰。

不同层级的乡村营造模式各有优劣，均是基于我国国情基础上的实践探索，在未来乡村振兴的路途中，将上下求索，不断深化创新。基于此，笔者结合团队多年参与乡村振兴的规划设计和建设运营经验，阐述三种不同模式下的乡村振兴实践，以案例的形式加以呈现，以期在模式、方向、路径等方面形成一些有限的认知供大家思辨。

Chapter 2
第 2 章

村庄层面的特色营造实践

◀ 西安村

2.1 西安村——传统文化的复兴

西安村位于福建省泉州市永春县五里街镇，是闽南山区与沿海贸易往来的历史见证，具有清末形成的传统商业街巷格局，保留有骑楼式建筑、西式独立洋房和闽南传统民居相结合的建筑群；是千年传颂的文化古镇，素有“无永不开市”和“白鹤拳故里、海丝路源头”之美誉。由于历史文化深厚、传统建筑集中，西安村被评为第七批历史文化名村、第五批中国传统村落、第二批福建省级历史文化街区，承载着永春人的乡愁记忆。

▲ 图2-1　西安村实景图

2.1.1　西安村概况

西安村所处的五里街因清中期商业发展在永春县城西部形成连绵五华里的商业长街而得名，古称“官田市”，后名丰岑头街。随着商贸的发展，五里街镇逐渐形成了“七境十三柱”的格局，即以7条商业街为中心、13个外围居住区为依托的商业网络。

明清至民国时期，西安村是福建省内地与沿海流通的枢纽，这里有桃溪首站码头，船可从这里直达泉州古刺桐港（顺济桥码头），是陆路和水路的交汇点。几百年来，永安、三明、南平、德化的茶叶、香菇、笋干、土纸、陶器等，沿着崎岖山路，到这里集散；而沿海的鱼、虾、糖、盐等则由这里转售山区。五里街客栈林立，商贩云集，成为闽南沿海与德化、大田、永安商贸流通的重要集散地。五里街及西安村的商号也到东南亚及上海、广州、福州、厦门、泉州等地设立分店。据史料记载，明宣德五年（1430年），已有永春人旅居南洋群岛，在东南亚一带经商人数众多，目前旅居海外的华侨、华裔以及港澳台同胞达130万人，足迹遍布世界50多个国家和地区，至今仍有“无永不开市”之说。抗日战争期间，沿海不少机关、学校内迁永春。中国银行、中央银行、交通银行、中国农民银行及福建银行、集友银行也都在这里设立机构。五里街镇商贸十分繁荣，被誉为“闽南商贸重镇”。

西安村保护范围共计55.22公顷，其中核心保护区面积为6.02公顷，建设控制地带11.3公顷，环境协调区37.9公顷。境内有2处县级重点文物保护单位（华岩室、翁公祠），有近千米的清至民国时期的传统古街道，还分布着众多明清至民国时期的闽南传统大厝及海派洋楼。西安村核心区823西路长约590米，两侧保存有南洋骑楼风格店铺200多间，其中有始建于1920年的闽南最早的土木结构骑楼。此外西安村还拥有庙堂、古井、古桥、古树等多处历史环境要素，是原住村民生活记忆传承的重要载体。区域内非物质文化遗存丰富，拥有国家级非物质文化遗产永春白鹤拳，还是国家地理标志产品永春篾香的源头。民俗活动丰富多样，特色突出，传承状态良好。

2.1.2　西安村保护发展困惑

1. 传统建筑年久失修，如何破解修缮难题

2018年之前西安村的保护状况令人担忧，因交通方式发生变迁，导致人员外流，整个五里街的商业功能基本丧失，多数土木结构建筑夯土墙风化、白蚁侵蚀、瓦片损毁，承重结构受损严重。百年木质骑楼保护情况不容乐观。西安村两侧骑楼建筑长度近千米，但由于年久失修，很多传统建筑面临屋顶破损、木结构腐朽、夯土墙风化坍塌、门窗残损等一系列难题，许港、十三阶等重要的历史要素也被破坏。同时村落内建筑密集，以传统店铺和住宅为主，缺乏可用于停留休息的公共空间场地（仅有一处清代商铺旧址，因破败成废墟，无法修复，不得不改造成为一小块口袋公园）。由于街区的保护修缮工作属于政府公益行为，当地的财政支持及专项资金不足，仅可以做抢救性的保护修缮工作。每当台风暴雨期间，都会出现房屋倒塌或损毁现象，危及群众的生命财产安全。

◀图2-2　山水环境遭受冲击，传统文化记忆渐逝，人居环境有待提升

2. 传统工艺材料难寻，如何传承建造技艺

西安村的骑楼建筑均为夯土山墙共用，牵一发而动全身。同时，传统建筑修缮所必需的材料，包括瓦片及当地传统的红砖均已无处生产，只能从周边拆除的建筑中收购老料，保护修缮难度极大。此外，现行技术规范中尚没有对夯土骑楼建筑的修缮标准，地方也没有传统工艺做法图集参照，保护修缮工作只能因地制宜地逐栋制定保护修缮整治措施。

3. 村落发展活力不足，如何吸引人员回归

西安村受到城市功能的扩张和人口吸引的作用较强，加之村内公共服务设施和基础设施不足，污水处理、消防、电力、电信、垃圾处理等基础设施和公共文化及交通设施仍十分缺乏。村内大部分原住村民向往现代化的生活，已经搬离旧宅，仅有少量临街的骑楼店铺用于日常生活用品销售，经营形式和形象风格比较传统、单一，缺乏特色产业，难以适应在永春县整体文化产业发展空间中的定位。村落内留下来的多为不愿意离开的老年人及外来租户，村落空心化严重，大量建筑闲置。在建筑实体、公共空间、生态景观以及历史文化等方面有针对性的更新改造过程中，如何处理好传统与现代、继承与发展的关系，让传统村落既能“留下来”，又能“活起来”，促进原住村民和新村民回流，激发村落发展活力，是我们需要深入思考的问题。

4. 面临保护的城郊村，如何实现跨越发展

随着永春县城的发展，西安村被划入县城的建设用地范围，村、城概念逐渐模糊，相互的联系日益密切。西安村交通便利，距离县城中心仅10分钟车程。加之西安村有深厚的历史底蕴和独具特色的传统风貌，有较大的发展潜力和优势。但是西安村面临诸多发展机遇，方向始终未明晰。乡村振兴战略规划中确定了四类村庄，西安村同时作为其中的“城郊融合类村庄”和“特色保护类村庄”，面临着更复杂的难题。经过多轮的讨论与探索，虽然逐步确立了“保护更新”的方向，但是对于“保护”的“度”和“更新”的“量”很难达成共识。同时对改造后引入什么样的业态，也始终在争论中。

▲ 图2-3　在城市扩张中，保护修缮缺乏动力，整体发展乏力

2.1.3 探索“整体保护、工料分离”的保护方式

自2018年起，为了缓解西安村进一步损毁，永春县开始由点及面地探索推进西安村的修复改造，县镇两级政府通力合作，选择了其中11间店面进行修缮实验。在修缮过程中，镇里总结了“整体修复，保证风貌，修旧如旧”的原则，力求最大限度地保持原有的历史风味。

1. 规划中采取成果联合编制，动态维护

在西安村保护修缮前期的各项规划和设计方案制定过程中，地方政府采取了多个设计单位联合编制反馈的方式。其中保护规划成果针对各类建筑和环境要素所承载的文化及蕴含的价值进行研究，明确重点保护对象，为下一步划定保护范围，明确管控底线，精准制定分类保护实施方案提供依据，同时地方政府将其作为西安村保护修缮基本的方法与策略，指导多个设计单位具体编制各节点和民居的保护修缮方案。各项保护修缮设计基于对各类建筑的特色分析，指导传统建筑保护修缮，历史环境要素保护彰显，以及非物质文化传承发展。同时，各详细设计进而又互相交流，反馈于保护设计的成果编制中，提高了规划设计成果的科学性与针对性。

2. 修缮中明确保护底线重点，精准施策

西安村的建筑年代包含了清代、民国、中华人民共和国成立初期等几个历史阶段，功能类型有传统商铺、民居大厝和公共建筑。设计师对这些重点建筑逐一记录建档，标记构件信息，分类建立保护档案，制定针对性修缮措施。力求保护建筑风貌真实性、多样性的同时，对沿街骑楼建筑进行逐栋测绘登记、评估损害程度，确定需要加固或替换的构件。对传统夯土建筑的保护与改造，根据夯土墙不同程度的破坏以及不同的使用需求，分别采用原材料修补、增加新构件缓解破坏、局部铲除用新构件代替、重新夯筑等不同做法。此外还在进深较大的历史建筑改造中通过增加亮瓦等做法增加采光，改善使用体验。

3. 改造中传承地域乡建智慧，提升性能

在西安村的改造过程中，充分尊重村落传统空间肌理及地域风土人情，最大限度保存建筑原构件、原部件。同时结合原住村民生活与未来发展的双重需求，传统建筑在保留风貌的前提下都增设了卫生间，预留空调位等必要生活设施的空间。对当地特有的木柱夯土墙结构和木楼板进行专项修缮设计，完善承重结构，采用增设墙体排气孔、补充隔声层等方式进行修缮。在保证传统民居结构与外观的同时，显著提高居民生活质量，激发村落良性发展。

▲ 图2-4　西安村保护规划图

▲ 图2-5　建筑立面测绘图

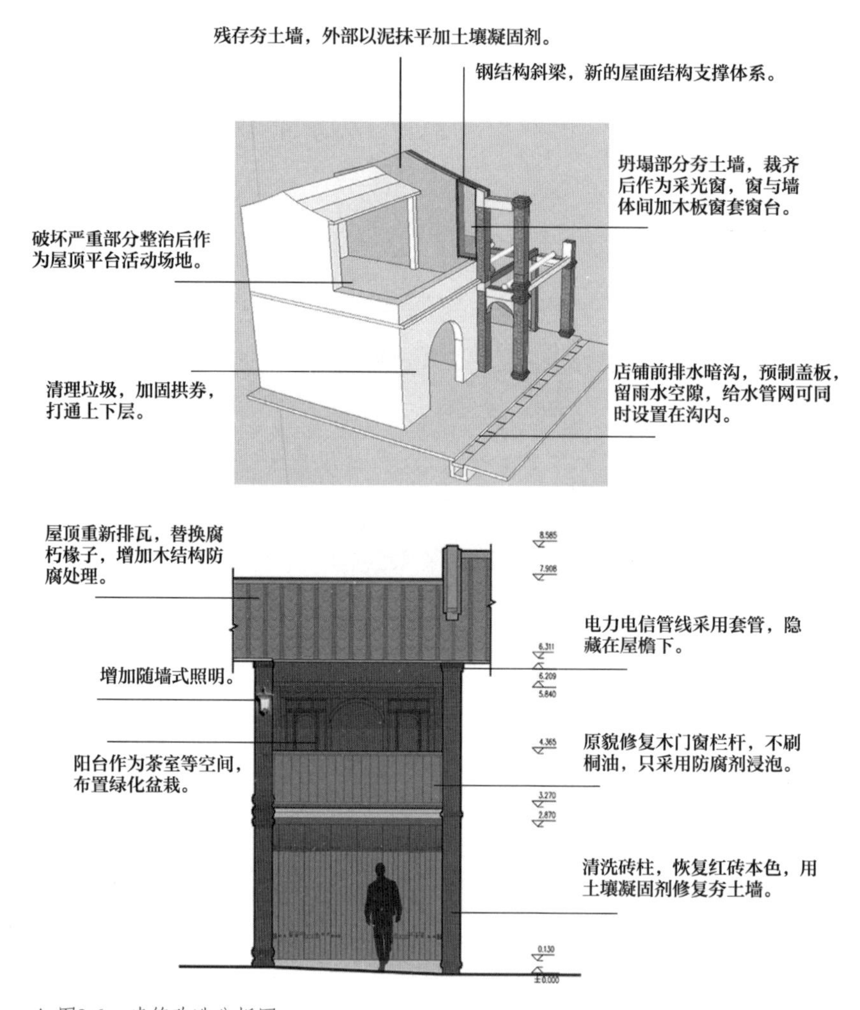

▲ 图2-6　建筑改造分析图

4. 探索“工料分离”等节约造价的保护修缮方式

在规划设计上，充分尊重和珍惜历史文脉，把“乡愁”始终摆在规划和建设的突出位置，发挥当地居民的主体作用，不断活化静态文化遗产。在保护修缮过程中，以本土化、可操作性为原则，针对传统建筑破损情况和修缮中遇到的难题，邀请各方专家开展有针对性的技术指导。经过专家多次现场交流及网络沟通，使当地领导干部提升了对于乡村风貌特色的认识与理解。同时，采用“工料分离”办法，由社区集体采购材料。各处收购的老砖头、老木材，可根据不同构件及破损程度分级分类修缮。坚持能用的坚决不拆，能修的坚决不换，走样的坚决返工，做到“惜料不惜工”。采取微更新的技术手法，聘请手艺精湛的老工匠全面带动本地工匠实施保护修缮工程，节约造价的同时培养了一批新工匠，实现工效和工匠培养并重。制定的保护实施方案与本地工匠技术水平密切配合，以解决问题、保护传统风貌为基本要求，多方交流，通过培养本土技术团队、以本土工匠完成保护修缮工作，实现可持续的保护建设目标，同时也对当地传统技艺的传承起到促进作用。

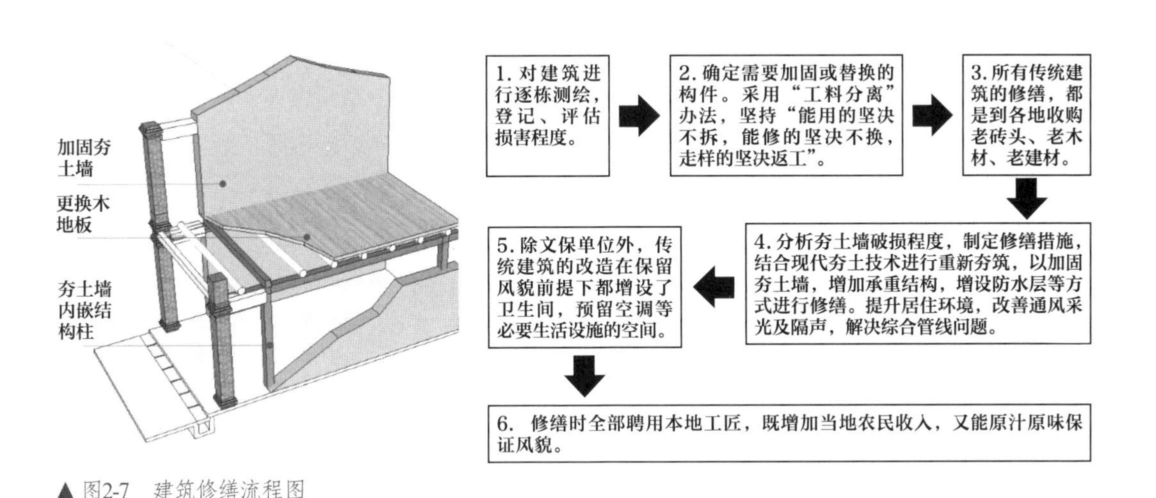

▲ 图2-7　建筑修缮流程图

2.1.4　创新“以修代租”的修缮运营一体化方式

为切实解决村落发展动力不足的问题，地方政府在规划的指引下，跳出“点式思维”的狭隘视角，深入认识村落突出问题与城市建设问题的内涵联系，立足于永春县区域资源特色，对城市发展方向进行研判，以城市发展为整体视角，理顺西安村与永春县未来发展衔接关系，进而制定西安村发展路径，探索城郊村建设助力城市更新的建设新模式。在保障原住村民的根本利益、提升生活环境的同时，对整个823西路的业态进行重新调整，有目的性地引导产业布局和项目入驻，从而激发村落活力，创造新的就业岗位，吸引人口、社会资源回流，实现对传统区域自造血产业的保护复兴。

▲ 图2-8　活化利用实景图

运营设计中，创新采用“以修代租”的模式。由村集体与200多间店面业主签订“以修代租”协议，集体出资组织本地工匠进行统一修复，租金扣除税费后按各50%比例与业主分成。具体方式为，200多间店面业主作为修缮方在租期内以修代租，对房屋进行保护性修缮开发，不承担租金费用，承租期限为12年。修缮期到期后修缮方有继续租赁的优先权。修缮过程中，为保护古民居结构等的传统性，该房屋的重大结构改造需经协议双方商议才能开展。修缮后，房屋用于租户开办经营性活动和公益性活动所需。承租方在承租期间对古民居承担相应的保护职责，承担房屋后续修复所需费用，承担防火、防盗等安全责任，促进古民居得以长效保护。

2.1.5 实施情况与成效

作为海上丝绸之路水陆交汇的重要节点，五里街西安村曾以“无永不开市”名扬海内外，承载着众多华侨华人的乡愁记忆，同时，年久失修的房屋也存在很多隐患。2018年起，地方政府按照规划，利用两年多的时间对823西路沿街200多间房屋进行整体保护修缮，对原先具有闽南元素的商铺加以保留完善，凸显“一户一品”的特色。在产业发展方面，积极召回“走出古街”的相关非物质文化遗产项目，倡导相关非遗传承人入驻古街，开设实体体验馆、展览馆，丰富老街业态。修缮后的西安村整体业态和功能布局得到了更为合理的安排，海上丝绸之路文化资源进一步得到挖掘。

修缮后，各类特色商铺、特色文创、特色主题场馆、特色小吃等有意向入驻的商家已登记200多家。提供了新的就业岗位，得以吸引人口、社会资源向古村回流，提升自造血能力。探索出了城中村建设助推城市更新的建设新模式，以及城乡统筹发展的新路径。

在永春县团委的组织下，10多名本土青年组成了五里街文青团队，利用自己所学服务家乡，一起助力古街活化。如今，他们共举办了24期五里街故事会、4场文艺晚会、3场主题展出、3期古街新生茶话会等活动。这些活动促进了青年交流，也帮助家乡招贤引才。除了本土力量，永春县还引来华侨城文化集团入驻五里街西安村参与开发。围绕“文化创造美好生活”这个主旨对西安村古街进行改造升级，未来这里将跃变为集特色文化体验、精致美食、精品零售、休闲娱乐等于一体的情景式历史文化创意街区，打造可触摸、可品尝、可感知、可参与的文化品牌。

现在，西安村老街上的业态多种多样，不仅有“沉浸式体验馆”推出了“古街剧本杀”的新玩法，游客可以扮演百年前的客商，在整个街区范围内完成若干任务；还有国家级非物质文化遗产纸织画传承工作室。旅游和文化实现了充分联动，既活化利用，也增长了人气。

2023年春节期间，首届永春海丝中国年·欢乐嘉年华活动在五里街启幕，同时揭牌成立了五里古街运营中心&欢乐小镇文创产业直播基地。藤牌武术、高甲戏、木偶戏等各项非遗项目轮番上演，为上万名游客奉上文旅大餐。这标志着西安村有了新传承，未来这里将会有更多传统和新潮的多元融合。

▲ 图2-9　西安村五里街传统民居修缮实施成效

▲ 图2-10　西安村五里街传统民居改造利用成效

2.2 马栏村——红色文化引领的乡村振兴

北京市门头沟区斋堂镇马栏村文化底蕴深厚，被称为“京西第一红村”，建村历史可追溯至明代，是历史上门头沟区成村较早的军户村落。村落红色文化遗产丰富，现存各级文物保护单位6处，挂牌历史建筑、遗迹13处，整体风貌保存较为完整。抗日战争时期，马栏村是八路军冀热察挺进军司令部所在地，是平北、冀东抗日中心，更是北京西部敌后抗日根据地的堡垒，为敌后根据地的发展和战争的胜利做出了巨大的贡献，是北京市红色革命精神传承的重要物质载体和精神摇篮。2013年马栏村入选第二批中国传统村落名录。2019年7月入选第一批全国乡村旅游重点村名单。

▲ 图2-11　马栏村全景图

2.2.1　马栏村特色与问题

1. 马栏村整体保存现状

马栏村整体空间完整度较好，村内历史街道保存较好，主要道路均为石砌路，尺度与周围建筑相协调。道路延续马栏村历史格局，保存完好。从建筑上来看大部分历史建筑及院落为居民自行修缮，有的院落仍完全沿用了传统的构造、形式及技术，也有的部分沿用传统做法，部分采用现代工艺技术材料，但所有建筑及院落都基本保存了历史格局及风格特点。从传统文化来看，八路军冀热察挺进军司令部旧址内的文物建筑具有较好的历史真实性，文物建筑整体格局保存完整，对冀热察挺进军革命文化的记录与研究也有着很高的价值。抗日战争时期马栏村的革命传统文化，对宣传革命思想，进行爱国主义教育具有积极的意义，冀热察挺进军和马栏村的革命先烈、英雄人物的光辉事迹构成了与当地革命传统紧密相关的人文资源，是中国历史的宝贵资料。

2. 马栏村核心特色

一是文化特色。马栏村凭借门头沟地区的险要地势，为抗日战争时期军民的安全提供有力保障，成为敌后战场的指挥中心。这里曾是当时挺进军司令部所在地，是北京西部敌后抗

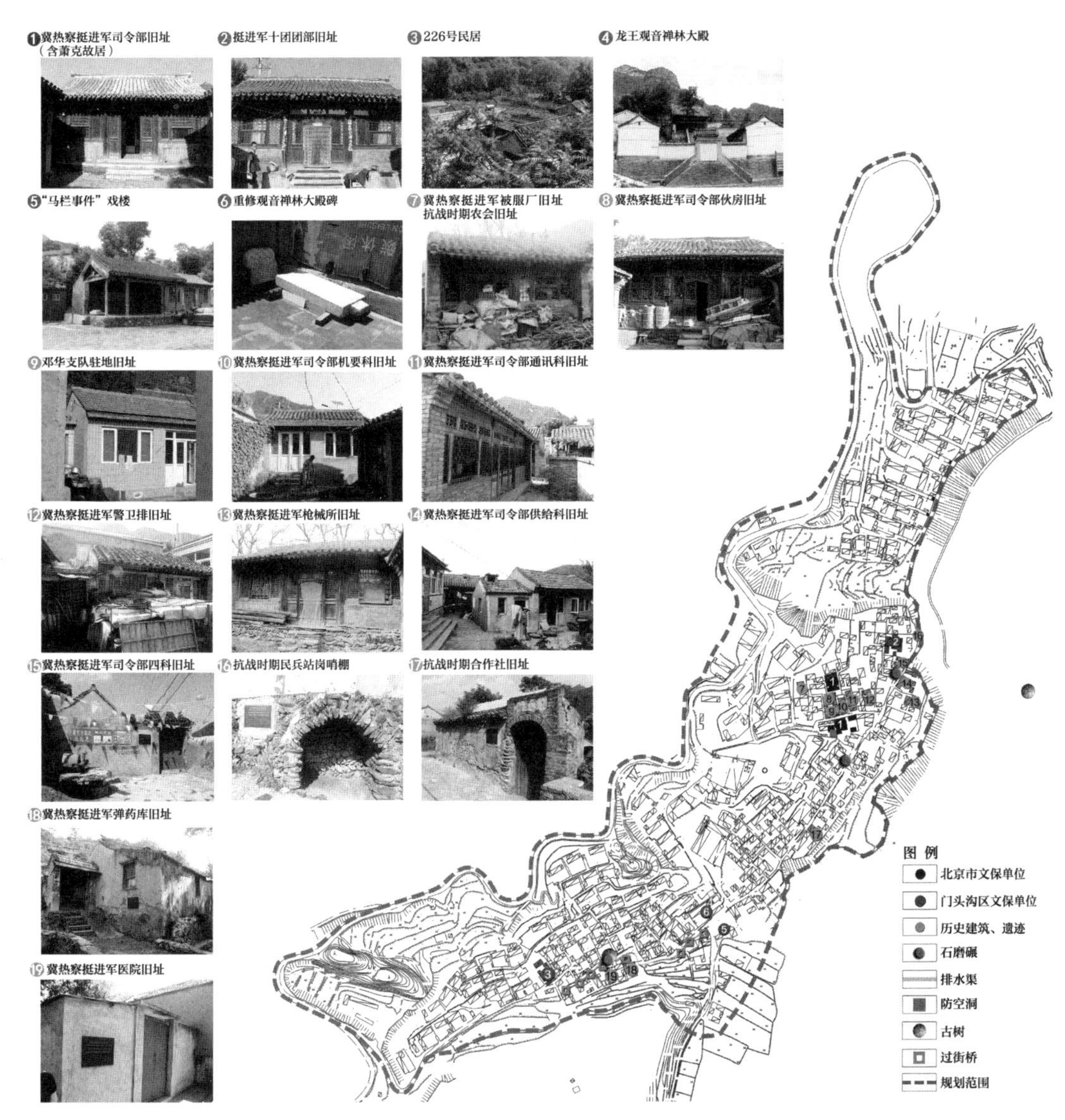

▲ 图2-12 马栏村村落历史资源分布图

日根据地的堡垒，为敌后根据地的发展和战争的胜利做出了巨大的贡献，是红色文化的经典。1939 年萧克等奉中央和军委的命令成立冀热察挺进军，先后在小峰口、马栏村、塔河设立司令部，马栏村在党支部的领导下，全民总动员，支前参军，配合子弟兵作战，帮助和掩护伤病员，为抗日战争做出了突出的贡献。马栏村现存的革命遗址、革命人物事迹以及革命文物都真实地反映着挺进军和马栏人在平西抗日斗争中的光辉历史，是研究中国抗战历史重要的物质载体。

二是选址格局特色。马栏村地处太行山脉，群山环抱，北近斋堂水库，西眺西达摩自然风景区，东与双龙峡自然风景区相隔，选址具有典型的“背后有山可靠，面前有水环绕”的有利格局。同时，马栏村位于马栏沟谷北侧缓坡之上，南部山脉舒展开阔，村落能应纳阳光和温暖气流，为马栏村提供了生活之本。村落依山势而建，以龙王庙为中心，受地形限制，沿山体呈带状展开，为北方少有的沿水街逐渐发展形成的村落。

三是建筑特色。总体为京派民居，古朴大方。马栏村建筑源于山西晋东北，受京城文化

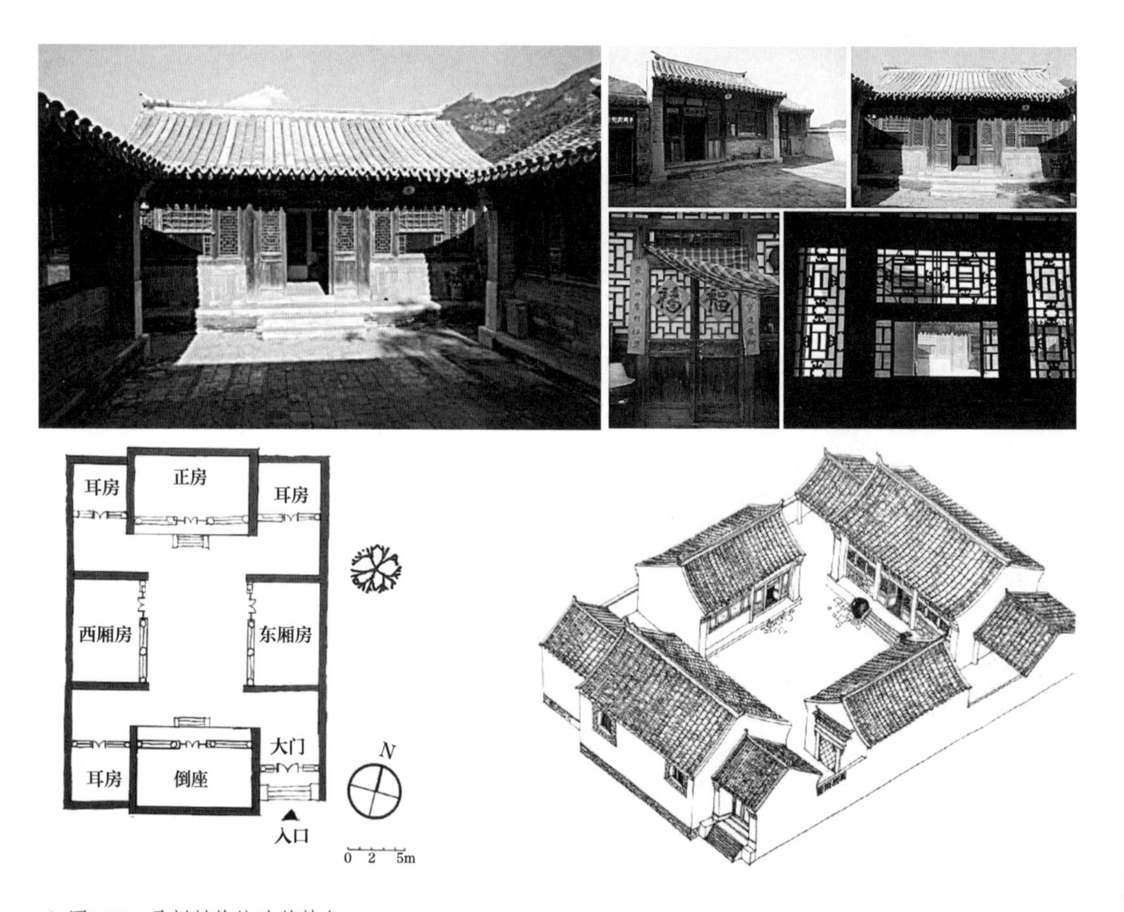

▲ 图2-13 马栏村传统建筑特色

影响，在建筑总体形制上为京派风格，同时兼有民居自由灵活的特色，色调古朴淡雅，落落大方。院落布局脱胎于四合院，因地制宜。马栏村院落布局以四合院为基本形制，即四面由正房、两厢和倒座围合而成，大门紧邻倒座，位于一角。院落开敞，顺应地形变化布局朝向，以南向、东南向为主，采光良好。民居单体多为抬梁结构，青砖灰瓦。马栏村民居单体为传统抬梁式木结构体系，青砖填充围合，双坡屋顶覆盖仰合瓦，清水屋脊，花格木棂门窗，基本不施彩绘，格调素雅。装饰上，民居中装饰的重点在大门门楼挂落、门窗等部位，相对于京城四合院，马栏村民居建筑很少施彩绘，而在门窗的雕饰风格上更灵活生动，富有生活气息。

总体来看，马栏村特色突出，一是红色文化价值突出，村落是平北、冀东抗日中心和北京西部敌后抗日根据地的堡垒，为敌后根据地的发展和战争的胜利做出了巨大的贡献，是北京市红色革命精神传承的重要物质载体和精神摇篮。二是整体资源保存完整，村落群山环抱、依山而建，体现了古代“天人合一，负阴抱阳”的传统选址格局；传统街巷空间沿山就势，呈带状展开，空间变化丰富；传统建筑整体保存完好，古朴淡雅，是研究北京山地地区传统村落发展及传统建筑演变的典型代表。村落历史环境要素丰富，拥有众多抗战红色经典遗迹，承载着沉重的民族抗战记忆和深厚的红色革命精神。

3. 马栏村乡村营造现状剖析

近年来，首都旅游消费人群的强力支撑为村落旅游带来发展的契机，使其成为乡村旅游优先发展村落。马栏村通过发展以红色旅游为核心的旅游服务产业，不断激发村庄的活力。目前基础设施、旅游服务设施、景点设施等的建设正逐渐完善，基本满足村民与游客的需求。村落常住人口稳定，甚至吸引部分青年返乡创业。但目前旅游发展依然处于发展初始阶段，以红色文化展示为主，旅游配套服务多为农户自营和大食堂等。文旅业态以古村观光和餐饮住宿为主，业态较为相似，特色不足，有同质化倾向，文旅的持续吸引力不足，下一步的发展提升空间较大。

2.2.2　坚持“精准保护、有效落地”的保护修缮策略

坚持“保护优先”的总体原则，动态传承村落红色革命精神脉络。在保护传承物质遗存与文化记忆的同时，解决原住村民生产生活等核心需求。精准与适应相结合，注重保护措施有效落实，重点提出四个强调。一是强调保护的精准性。规划用坐标定位的方式，明确村庄保护区划范围的界定，并对重要物质文化资源，编制院落档案，以便日后管理维护。同时，

聚焦历史文化资源保护，建立近期工作清单台账，促进规划精准落地。二是强调保护的适应性。规划考虑到村民强烈的改善住房条件诉求，在确保各保护对象完整性和真实性不受影响的前提下，适度增加了规划管控措施弹性化的要求，以避免由于过于严格的控制，造成后续政府与村民之前的矛盾。同时，强调合理控制容量，通过科学的预测计算，合理确定游客承载量，避免过度开发。三是强调数字化传承应用。通过现代化技术手段，集中、系统、全面地展示村落历史文化，加强文化传播。四是强调民生优先轻微介入，加强节点方案细化指导。规划选取村落2处典型建筑进行测绘，并以85号院为例，进行建筑改造示范设计，为村落未来类似的改造提供指导与依据。

2.2.3 探索“沉浸式”旅游运营路径，激活村落发展

强化文化挖掘，探索“沉浸式”文化多元传承路径。规划注重对于村落文化内涵的深入挖掘，以红色文化为核心的价值内核，整合资源向外拓展文化圈层，构建文化+农业的产业链条。充分结合村落空间，构建红色观光纪念、红色拓展体验、农业观光体验三大功能板块。

红色观光纪念板块，将旅游模式由传统的红色观光纪念转变为红色生活性体验。主要运营措施是恢复岗哨、大食堂、拉练、纺线、起床熄灯号、抗日信息播报、作战体验、实景剧、红色创意等功能，使游客深度体验红色文化。开展话剧舞台剧表演，话剧还原震惊全国的“马栏事件”及其他抗战生活，同时配套电影放映展场，还原红军文艺娱乐生活。引入红军艺品店、红色服饰屋、红色古董店等创意商业，丰富街区休憩性与休闲性。

红色拓展体验板块，将旅游模式由传统的红色观光纪念转变为红色拓展性体验。依托村南的林地山丘，复原红色操练基地。组织游客，自愿报名参加为期一到两天的红色拓展训

▲ 图2-14　马栏村红军操练活动还原

▲ 图2-15　马栏村抗战纺织活动还原

练项目。融合红军操练场、场地拓展、红歌基地、红军屋等实景体验，打造红色操练基地。串联拓展基地与马栏森林公园，设置山野穿越、陡壁爬绳、儿童拓展营、红军耕种等拓展项目。

农业观光体验板块，依托现有的核桃园、向日葵、山菊等特色种植，开展村域鲜花美化、核桃采摘、向日葵子采摘等农业观光体验活动，打造观光体验新村。采用当地鲜花绿植向日葵、山菊花等，美化马栏村庄，特别是新村村口美化，营造优美生态环境。引入农业采摘，丰富旅游品类。把握京郊庞大的徒步、自驾、骑行市场，设置登山步道、营地区、树屋体验基地等，重点做好配套服务。依托马栏市级森林公园，为拓展性团体市场，以及徒步、骑行、自驾等个体市场，提供吃、住、行、游、娱等乐享服务。

通过文化与空间的深度融合与创意化利用，营造生活化、精致化的红色乡村旅游体验，实现文化产业化的发展目标，促进红色革命文化的活态传承。在空间上，规划提出以“针灸式、微介入”的方式，整合村落资源，盘活闲置资产。利用村庄闲置院落，将其改造为红色教育、宣传展演、文化服务等公共场所。利用山地农田资源，培育特色农业种植观光，拓展文化功能链层。针对首都居民生态徒步、野外宿营的功能需要，综合提升马栏林场配套服务设施；在软件服务上，规划注重村落红色文化场景氛围和特色旅游产品的营造，强化红色活动场景体验、主题纪念特产开发和文化创意产品培育。

2.2.4　实施情况与成效

在规划指导下，马栏村自2018年至今，累计投入1287万元，用于传统村落保护发展相关建设，取得了较好的实施效果。2020年获批为国家AAA级旅游景区，村落旅游人次一年约10万人，村集体收入3000多万元。

一是村落文物保护单位保护修缮与提升利用成效显著。2020年，村落完成了冀热察挺进军司令部旧址陈列馆提升改造项目，持续推进文保单位保护修缮。经过改造提升，陈列馆于当年9月入选第三批国家级抗战纪念设施、遗址名录。

二是村落人居环境及公共设施配置持续提升完善。村落进一步提升街巷铺装、沿途观景小品和旅游标识牌；新建2个垃圾分类点和1处生态停车场，持续加强村落人居环境整治和景区基础设施配套。同时，按照规划相关保护措施，对全村6户危房进行翻建、新建，持续改善村民居住条件。

三是村落红色文化传承活化不断延伸强化。村落利用红色文化遗址和古院落，将其改造为主题陈列馆和门头沟深山区第一家实体红色书店——“红色记忆”书屋，并利用党组织服务群众经费，建设马栏村烈士陵园，强化文化传承空间塑造。同时，开展实景剧、行军快板、战地说唱等红色文化展演活动，重温党史党魂。

四是村落特色农旅产业逐步培育提升。2019年，村落投资50万元建成马栏村垂钓园。目前正在实施100亩梨树、70亩核桃树、49亩中草药低成本特色农业项目，持续丰富体验层次。

五是村落数字化传承展示成效显著。入选了传统村落数字博物馆，全面展示了村落整体历史、文化、艺术、科学等价值，拉开了保护工作数字化的序幕。

马栏村作为首都红色革命文化和党史学习教育的重要物质载体和传承地，坚持以红色文化为引领，不仅有效保护了历史文化资源，同时结合乡村营造的契机，持续找寻村落的保护建设发展路径，为提升人居环境、实现乡村振兴做出了有益的探索。

2.3 单村角度的乡村营造路径探究

2.3.1 注重“低成本”乡村营造探索

无论是西安村“工料分离”建设方式的探索，还是马栏村“针灸式、微介入”的建设方式，都在探寻可行的低成本改造更新村庄的路径，以期达到低成本下的高品质乡建目标。单村的建设力量较为薄弱，建设所需资金的缺口较大。因此，探索低成本的建设路径具有现实的普遍需求。总结上述实践案例以及结合现有低成本乡建探索经验，从设计、材料、人工和运营四个方面总结梳理低成本乡村营造路径。

1. 探索低成本、高品质的规划设计，从源头降低成本

一个因地制宜的规划设计方案能够从源头大幅降低乡村营造的成本。低成本规划的第一步首先就是全面系统梳理村庄的现状资源。通过梳理闲置用地资源、闲置集体用地和用房、闲置住宅、废弃建设材料、可拆除材料、农户房前屋后建设材料、景观树种、现状设施、特色文化等村庄的方方面面，进行系统登记，以便于下一步的规划精准取用。然后是重点改造片区的选取，从经营学的层面，营造活动应以较少的增量来激活乡村巨大的存量，形成建造的良性循环。充分利用荒地、废弃地、边角地等建设村庄小微公园和公共绿地，提高村庄绿化覆盖率，杜绝垃圾杂物的滋生空间。最后是材料的选取，不同材料具有不同的建造效果，这就需要设计师与村民共同商讨，以实用、坚固和美观为原则，敲定经济、可行且效益更高的方案。

2. 就地取材，废旧利用，降低材料成本

首先是探索就地取材之道，降低建材成本。充分利用周边河道整治、山体生态修复过程中的鹅卵石、片石，作为建筑“原料”，降低景观建设成本。再者，全面开展废物再利用行动。在乡村营造中应注重对闲置或废弃的旧砖、石头、木料、瓦罐、农具等进行综合利用，建设小菜园、小果园、小花园，铺设人行步道等微空间。充分利用废旧猪槽、石缸等工具制作休闲设施、儿童游乐设施。废旧瓦片可用作铺装，美化且防滑，废旧家具可用作院落景观，废旧檩子椽条可用于房屋装饰与环境打造等，尽可能就地取材，变废为宝。如此既能低成本提升人居环境，又能原生态保留乡村气息，在凸显乡村特色的同时避免“千村一面”。

3. 培训本土工匠，降低用人成本

从社会学层面，营造须建立在乡村共同体的基础上，“离心离德”的农户无法形成合力，所以乡村共同体搭建即集体意识搭建，而建设的前提是必须建立在新型乡村组织再造和主体再造的基础上[①]。组织起来的集体才能与市场相抗衡，进而为低成本建造提供有力保证。一些典型地区的乡村营建经验表明，通过村民投工投劳方式，基础设施改造的人工成本大大降低，节约项目人工成本达到40%。通过培训将当地居民转化为劳动力，“变小工为大工”，这样既能降低劳动力成本，又能增加当地村民收入。

4. 自发维护，推动低成本长效运营

村民自发维护能够较好地推动村庄低成本管理。因此需要通过建立一系列的奖惩长效机制，不断培育村民的自发维护意识。一是开发公益保洁岗位。通过定人、定岗、定责等措施，将村庄公共区域人居环境日常管护责任落实到人，让干净、整洁、宜居成为村庄常

① 王磊，张东光，傅英斌，等. 基于常规工具与工艺的适宜建造——新时期乡村低成本建造的可能性及其实践[J]. 新建筑，2017（5）：30-36.

态。二是完善监督制度。定期督查房前屋后、河沟渠道等环境卫生情况，发现问题拍照留存，及时反馈给农户或相关责任人，明确整改期限，跟踪落实情况。三是完善奖励制度。通过建立爱心超市，举办美家美院、文明家庭等评比活动等方式，对环境整洁、评比优秀、“门前三包”，建立农户兑现积分奖励方式，激发群众参与热情，形成以整洁为荣的乡村德治文明。

2.3.2 注重“高附加值产业”的发展培育

单村产业的发展基础往往较为薄弱，难以建立稳定的销售渠道，即便产品品质具有天然有机的高品质特性，其附加值仍很难得到提升。特别对于西安村和马栏村这类以文化旅游为主导的村落，如果没有高附加值且有吸引力的产品，就难以带动村庄的振兴提升。因此培育“高附加值”的产业是单村发展的难点，也是产业振兴的核心突破点。总结乡村振兴现有经验，主要从以下几个方面提出相关建议。

1. 推进“乡土品牌”的建立和维护

品牌是乡村产业发展转型升级的“敲门砖”，品牌建设是提升乡村产业附加值的底层逻辑所在。针对市场对“乡土味道”的高认同和关注度，开发特色乡土产品品牌，织补现代消费需求，在继承原有传统产业业态的基础上，探索更多符合现代需求和青年消费导向的创新品类。在整体层面，应探索形成基于村庄整体的统一品牌标识，从产品、价格、渠道、营销等四个方面，构建品牌体系，注重统筹运营，整体提质。引导企业、农户等共享共创特色乡土品牌。同时，针对特色产品，应开展有针对性的产品包装设计，提升品牌的辨识度，提高产品的整体感知档次。考虑到单村层面开发特产的能力较为有限，建议在乡镇以及区县层间建立整合开发平台与专业企业联合，承担农特产品的产品设计、二次加工以及销售渠道拓展等产业链的前后核心端，为特色产业生产经营主体提供品牌建设的系统化培训，推动村庄特色产品的品牌化、系列化打造，提高乡村旅游附加值。

2. 建立“小而精”的特色产业链条，专精发展

单村产业普遍存在农业产业链条短、附加值低的问题。同时由于主体分散，技术标准多样，导致同类产品的质量参差不齐，也导致附加值难以提升。不同村庄的业态即便再普通也存在自身的相对优势，应放大优势，不贪多求全，专精发展，打造“小而精”的村庄业态，方能在农业地域发展格局中找寻到推动自身壮大发展的支撑点。因此，首先应聚焦于乡村核

心产业链的延伸培育，无论是某一个农特产品，还是某个乡村旅游方向。特别是在加工、营销等薄弱环节上下功夫，拓展农业增值增效空间。通过从前端产品设计、中端初加工和深加工，以及后端的农品[①]销售体系的建立等多个方面出发，实现农产品多元化开发、多层次利用、多环节增值，以建立成熟的农品产业链为核心，推动产业转型升级。其次要围绕特色产业产品建立标准体系，加强质量安全认证，推行专业化、标准化生产。以现代高新技术改造传统工艺，提高特色食品和特色手工业的加工制作水平和生产效率。当然，若想在单村层面实现转型升级，离不开乡村能人、专业经济合作社等的参与，只有形成有组织的专业技术和团队，才能在产业转型中紧抓市场需求，降低转型升级风险。

3. 打造多元渠道，促进产品的稳定销售

长久以来，农村特色产品的销售渠道较为滞塞，这是阻碍产业附加值提升的重要原因之一。因此，建立多元立体的销售渠道是下一步乡村产业升级的关键发力点。首先，线下销售渠道应该得到充分重视。乡村旅游消费需求快速增长，带动能力强。因此建设诸如“乡村客厅”“农品市集”等线下特色产业销售平台，可以让城市消费者直观感受乡村地域产品的特色与品质，能够更加有效地提升乡村特色产品的品牌影响力。其次，紧抓乡村电商的发展契机，通过“乡村直播仓”“乡村淘宝”等在线平台，将乡村产品直接推向消费者，打破传统销售渠道的限制，实现农产品从田间地头到消费者手中的一站式直达，提高产品的市场覆盖面和销售效益。最后，拓展建立专业销售渠道，通过农民专业合作社或者专业销售企业平台，引入先进的管理和营销模式，拓展销售渠道，提高农产品的附加值和市场竞争力。

2.3.3　注重“多元运营模式”的选择与把控

早在2006年，时任浙江省委书记的习近平同志就高瞻远瞩地提出了要把整治村庄和经营村庄结合起来的思路。目前，乡村振兴正在由乡村建设阶段逐步转向乡村运营阶段。在经历了农村人居环境三年整治以及五年提升行动之后，大部分村庄的基础硬件设施得到了较大的改善。目前阶段，以运营的思维推动乡村资源的科学合理利用已具备了较好的硬件条件。

乡村运营，顾名思义，即从运营角度出发，通过运营主体整合乡村一切可利用的内在资源和外在资源，将乡村资源优势、生态优势转化为经济优势、发展优势，使乡村“资源变资

---

① 本书农品指茶叶、蜂蜜、小米等农产品。

产、资金变股金、农民变股东”，推动乡村“三变改革”真正发挥效力。从西安村的实践可以看出，其采用“以修代租”的模式能够将村庄建设和运营完美地结合为一体，不失为一种运营导向的新模式探索。马栏村在保护修缮传统建筑的基础上，充分结合红色文化开展“沉浸式的红色旅游体验”，也是在保护修缮的基础上激活村落活力的乡村运营探索。因此，将村庄建设和运营相结合是乡村振兴的重点举措和不可或缺的环节。总结我国乡村运营的实践经验，依托不同的运营主体可将单个村庄的运营分为村集体主导、政府主导、企业主导和混合式运营四种模式，不同的模式具有不同的特点和不足，以及适用的村庄类型。

1. 村集体主导运营

此类型是目前普遍存在的乡村发展运营模式。主要由村民集体经济组织成立专业合作社，作为直接利益主体，自筹资金，自主运营，经营权与所有权统一。运营活动主要基于村庄自身的产业基础或特色田园生态资源组织村民开展产业发展活动。部分村落资源特色较为突出，产业基础较好，发展潜力较大，且拥有市场开拓性强的村集体领导班子，往往前期发展迅速，成为片区的专业村、特色村，对周边村庄形成一定的带动作用。此类乡村运营模式的优势是村民自主性强，内外部矛盾较少，容易形成统一意见，且民主参与程度高，能有效解决当地就业，利于长久发展。此类村庄一般在发展初期具有较高的发展速度，但在发展中后期往往面临较多问题。由于资金有限，发展速度难以持续，且村民运营管理的非专业化导致规模做大后内部管理问题凸显。同时由于市场信息获取不足、技术更新滞后等问题，导致产业的市场需求空间有限。另外，也普遍存在单村之间的模仿效应，导致产业同质化现象，在乡村的持续发展中往往后劲不足，瓶颈较难突破。

2. 政府主导运营

此类型是以某一级人民政府为主导的运营模式，由政府出资投入，统一规划，统一开发建设，统一管理与运营。此类村庄主要包括脱贫攻坚关键村、需要重点投入保护利用的传统村落，以及作为乡村振兴试点的示范村庄。此类模式的优势是不仅注重村庄综合效益和全面振兴，规划整体性强，综合协调性较好，同时能够在短期形成亮点和经验。但是采取政府主导的方式，资金压力较大，难以全面推广，可复制性差。同时，多出现产权关系不顺、村民利益难协调等问题，也会出现一旦政府力量撤出，后续的运营机制难以维系的情况。因此，此种运营模式只能够点状推进，难以普遍推广且形成长效振兴效果。

3. 企业主导运营

此类型是以企业为主导的运营模式，一般有村民将自身宅基地、农用地以及村集体经营性建设用地、房屋等作为资产作价入股企业，以获取企业经营利润分成，同时村民也可作为雇员参与企业运营。此类村庄多有突出的资源特色或者产业发展优势，此种模式多出现在景观资源独特的乡村旅游村庄。该运营模式的优点是因为社会资本介入，相对更易解决资金不足的问题。企业的专业运营能力和自带的市场渠道优势等是村庄发展的重要稀缺要素，能够使村庄的发展速度更快，短期成效明显，但问题也较为突出。村庄运营收益一般流出村庄，地方收益度有限，村民与企业之间的利益关系往往难以调和。同时企业追求短期利益，容易造成开发过度，不利于乡村振兴的长效可持续发展。

4. 混合式运营

以上几种乡村运营模式在我国乡村振兴发展过程中均发挥了重要的作用，但其优势突出的同时也多有难以改变的劣势。在乡村运营的不断摸索过程中，逐步出现了“混合式运营”。即村集体+政府+企业的共同运营模式，政府负责协调制度设计、基础设施建设和市场监管；企业负责运营项目策划与实施、运营性投资、组织客源、搭建销售渠道等；村集体经济组织与村民参与实际乡村振兴项目的经营。此模式综合了以上运营模式的优势，同时规避其劣势，兼顾经济效益和社会效益。同时可探索“运营前置、建设后行”的思路，运营企业先布局，地方政府再根据布局建设基础设施。与传统模式相比，政府的投入更精准，实用性更强。当然，此模式的主要问题是因多头管理，经营协调较为困难。但总体来看，混合式运营是一种创新性的探索，此模式也在不断地迭代完善，目前还没有成熟的模板和完美的方案。

Chapter 3
第3章
乡镇层面的特色营造探索

◀ 美湖村

3.1 德化美湖镇——全过程闭环乡建模式探索

美湖镇隶属于福建省泉州市德化县，位于福建省闽中腹地，距离德化县城半小时车程，距离泉州市2小时车程。行政区域面积93.45平方千米，下辖8个行政村，截至2022年美湖镇常住人口约1.5万人。美湖镇地处戴云山麓，是典型的山地地形，村庄多以“角落”的形式分散分布在山峦之间。美湖村、洋田村与洋坑村三个中国传统村落集中连片，有近千年的建村历史，村内屹立着百余处传统建筑。山林与梯田交错，古村风貌与乡野生态相互交融，承载着德化人的乡愁记忆。镇域内还蕴藏有丰富的铁矿、瓷土矿，曾是德化最重要的制铁基地和制瓷原料基地，至今仍有部分矿产企业运营。美湖镇地处德化环戴云山生态休闲旅游集聚区，紧邻AAAA级旅游区

▶ 图3-1　美湖镇传统村落格局风貌（美湖镇人民政府提供）

九仙山旅游风景区，具有较好的旅游发展潜力。在矿产产业转型的当下，寻求新的乡村振兴动力是美湖镇的重大挑战，也是重大机遇。笔者梳理了美湖镇在乡村振兴过程中政府、设计师、地方工匠与村民共同深入参与的方式方法，探索乡村在延续乡土文脉的基础上活态传承发展的策略，为其他地区的乡村振兴提供经验。

3.1.1　美湖镇乡村特色与问题

1. 美湖镇乡村特色梳理

美湖镇一镇8村，是德化县乡村振兴示范工作的重点。8个村各具特色，美湖溪穿流而过，持有千年樟树王、传统村落、白鹭栖息地、非遗文化和大龙湖漂流等多张特色名片，是德化县乡村振兴的重点示范区域。总体来看，美湖镇的乡村有以下几个方面的特色。

一是樟树王祈福之地。坐落于镇区的千年樟树王植于唐初，有1300多年历史，是目前世界上有记载的最大樟树，被纳入“中国最美古树”名录，被评为福建十大树王之首。千年生长及传说已演化为村民的精神图腾，具有避邪、长寿、庇福及吉祥等寓意，“祭樟王”习俗延续至今，开展上香、祭拜、绕树祈福、舞狮、打大鼓等祭祀活动，未来依托樟树文化，有多种开发可能，发展潜力较大。

二是传统村落宝地。三个中国传统村落聚集于美湖一地，美湖村、洋田村、洋坑村聚集成团，枕山面水而居，有1700年的发展历史，2019年，三村同时被评为第五批中国传统村落，这在全国尚不多见。三村保留有上百栋“戴云山筑”古建筑，形成古建筑群。古建筑以干栏式、燕尾脊、悬山顶、廊道靠椅、出檐深远、层层跌落的山墙为特色，融合百越地区和中原地区的建筑风格，形成多元建筑“活化石”，雅称“戴云山筑”，是福建最古老、珍贵的民居范式。民居古厝，背山围水，积水生财，代表着传统古建筑的百年传承。

▲ 图3-2　美湖镇千年樟树王及祈福活动

◀图3-3 美湖镇“戴云山筑”传统建筑

三是梯田景观风貌特色。村落依山就势、临水而建，生活在其中的乡民门前有水，邻近梯田，形成了山—屋—院—田—水的村落组团布局结构，是闽中农耕文化的典型代表，也造就了安静避世的居住环境。梯田景观使得村落布局错落有致，完美和谐；使美湖乡村不仅拥有着江南水乡之风光秀美，高雅脱俗，而且还蕴含着自身别具特色的韵味。

四是漂流山水休闲之地。美湖村内的大龙湖漂流全长5千米，落差125米，漂流项目每年7～9月为旺季，全年游客约2.5万人。与福建前10名的漂流项目相比，大龙湖漂流的本底条件非常突出，有较大潜力发展为福建省重要的漂流基地。

五是龙湖寺朝拜圣地。龙湖寺由林自超创建于宋庆元四年（1198年），距今已有800多年，是德化四大名刹之一，也是闽台众多三代祖师寺庙的发祥地。所供奉的三代祖师，信众覆盖我国福建、台湾、香港，以及东南亚等地区，每年的祭祀活动影响广泛。此外，各村还保留有大量的宗祠古厝，这是从根敬祖文化的有力见证。

六是闽中美食之地。美湖米粉、美湖茶食，品牌知名。美湖米粉历史悠久，近年来通过加工工艺的创新，米粉质量和外观均有很大提高。主要特点是耐煮，韧而不碎，口感清淡嫩滑。产品销往德化县城，以及永春、福州等地，供不应求。九龙茶叶专业合作社现拥有5种

▲ 图3-4　大龙湖漂流

▲ 图3-5　上滦村龙湖寺

▲ 图3-6　美湖村显应庙

▲ 图3-7　美湖米粉

▲ 图3-8　洋坑魔鬼辣椒

茶叶品种——玉乌龙、铁观音、美人缘、小红袍、乌玫瑰，统称“龙祥人和贵”，选送红茶获得省名优茶鉴评会“优质茶奖”。此外还有红烟、甜椒、德化梨、千亩翠竹、上岸新兴魔芋、洋坑魔鬼辣椒等特色生态农品。

2. 乡村振兴难点剖析

美湖镇各乡村虽然特色突出，但是在城镇化的大浪潮下，依然逃脱不了人口流失、村落空心化、传统制茶等产业凋敝的困境。2018年项目团队初入美湖镇时有几个深刻的体会。

一是传统村落非核心片区的古民居保护力度弱，传统营建工艺传承不容乐观。由于村庄布局较为分散，3个传统村落均存在一定数量的传统建筑处于核心保护区之外，造成保护重视度不足。此部分居民逐渐将老房子拆掉，改建为二层的混凝土小楼，留下的老房子也大多缺乏修缮。据统计，有33%的新建建筑与传统建筑不协调，近50%的古民居急需修缮，村庄风貌存在被逐渐蚕食的风险。同时，传统营建工艺传承人数量有限，传承情况不容乐观。现行地方技术中尚没有对“戴云山筑”的系统修缮标准，多为老工匠的传帮带，只能模糊化、定制化进行保护修缮工作，缺乏科学可控的指引。

二是空心化导致村落活力不足，公共空间冷清。村民流失较为严重，村落活力日渐衰微。村落常住人口仅占户籍人口的1/3，村里的年轻人在村内缺乏发展空间，大部分外出打工，对于一个分散型的村庄，更加难以聚集人气。这也导致传统的公共空间闲置衰败，缺乏聚集人气的吸引力。美湖村原有的遐福堂、老人民公社是村庄文化、休闲活动片区，但随着功能的更迭逐渐破败；德化铁厂已失去曾经的辉煌，被废弃；樟树王公园是每年一度“祭樟王”活动的核心空间，但缺乏足够的聚集空间，制约了使用，也不利于古树的保护。

三是单点旅游难以为继，缺乏适宜的资金筹措渠道。美湖镇乡村以农业种植为主，同时拥有一处生态景点——大龙湖漂流基地。由于古村文旅发展尚没有与生态旅游产生协同效应，使漂流基地淡旺季明显，游客的旅游体验也较为单一，旅游附加值低。同时，缺乏

▲ 图3-9　部分损毁严重的传统民居

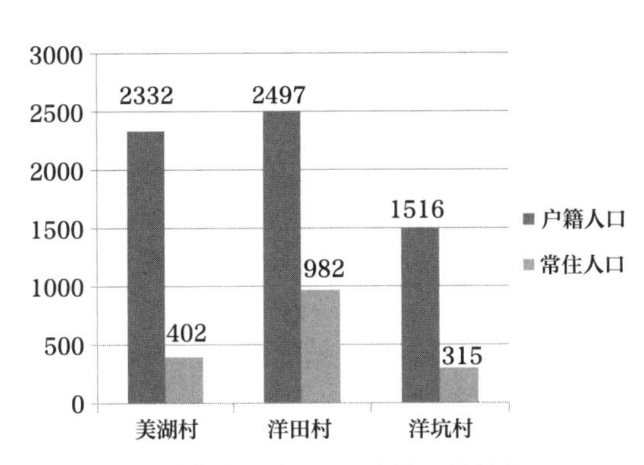

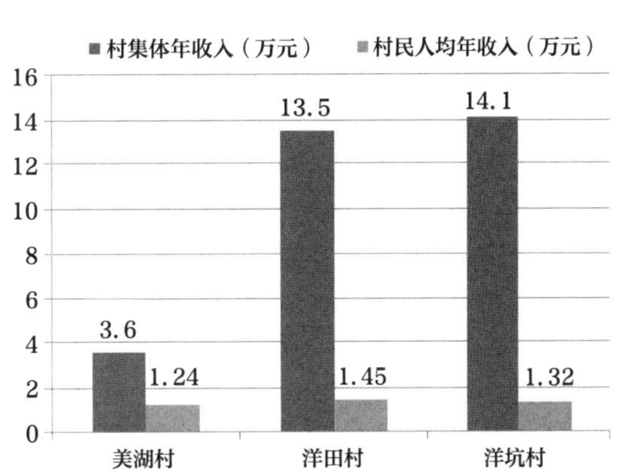

▲ 图3-10　美湖镇三村人口及年收入统计表

▲ 图3-11　破败的遐福堂、闲置的老人民公社（2018年）

推动传承发展的资金支持，资金以政府财政为主，筹措渠道单一，难以激活村落发展。

在这样拥有极佳先天条件的乡村中，我们需要从公共空间的视角出发，激发并延续村子的风貌与精神，打破村落衰败的下行趋势，同时重新激活村落活力。具体来说，我们探索的是一条“保护优先、创新发展、强点激活、服务共建”四大模块为一体的传统村落振兴路径。

3.1.2　精准保护，探索可落地的保护方式

1. 构建“点、线、面”一体的保护网络，系统化保护

美湖镇各村历史文化资源特色突出，我们首先建立了“保护优先”的思路，试图去探索如何进行分散型传统村落的全面保护；如何开展古村的数字化保护、细致保护；如何提升保护措施全面落实的可实施性。设计团队通过详实的实地调研与价值评估，明确保护对象，合理划定保护范围，严控保护“底线”。针对村落历史资源呈散点布局，部分高价值建筑落在核心保护区外的情况，规划突破传统的面状保护思路，提出点状保护与面状保护相

结合的思路，科学地对核心保护区外的高价值传统民居以及古树、古井、古桥进行单体划线保护。通过陶瓷古道、古河道等文化线路将三村保护空间串联成网，建立“点、线、面”结合的保护网络体系，力求精准保护传统村落历史遗产。

2. 通过测绘和三维建模，数字化保护

探索数字化精细保护，一是针对80余处传统建筑，建立数字化院落档案，便于日后管理；二是针对村内多处历史建筑，开展建筑测绘，记录建筑空间数据，建立古建筑的数字化档案；三是三维建模“戴云山筑”，细部拆解营建模块，重点标记修缮难点模块，学习营建智慧，初步建立修缮技术标准，推动后续建筑的标准化修缮。

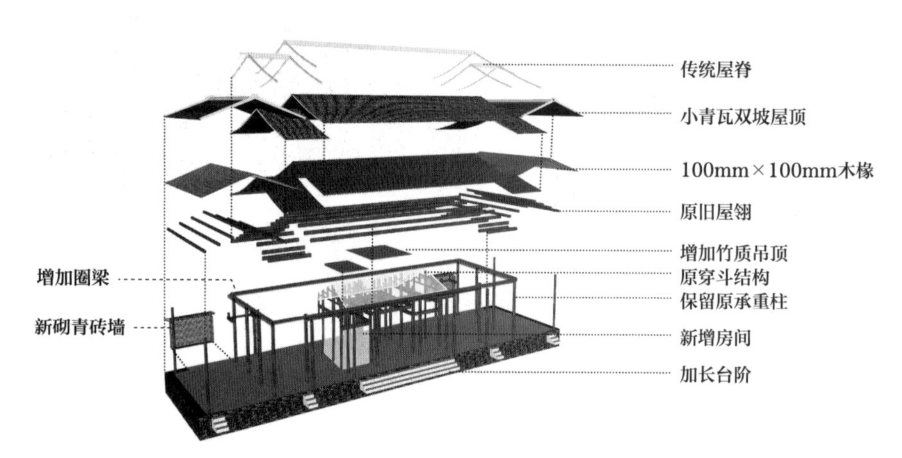

▲ 图3-12 “戴云山筑”三维建模与构件分解

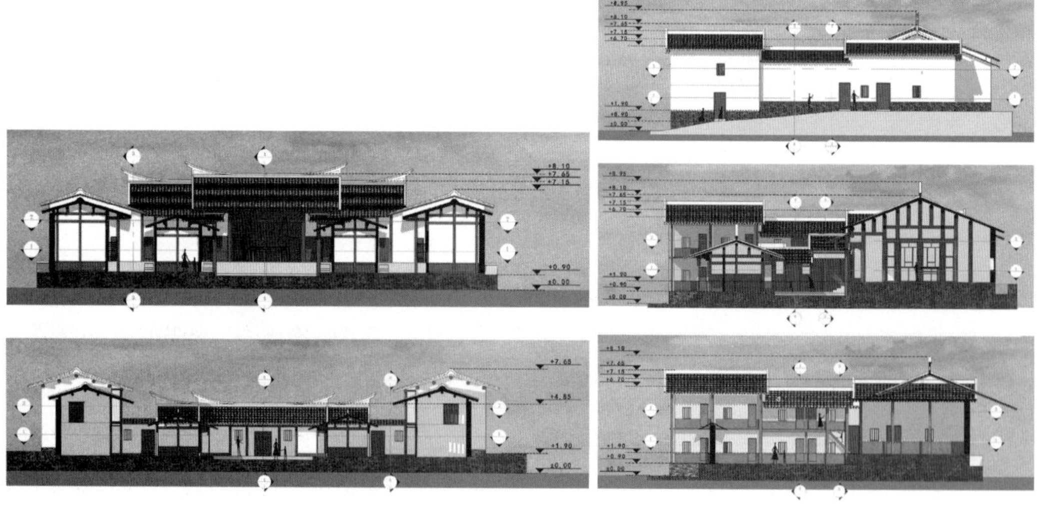

▲ 图3-13 “戴云山筑”正背侧立面和剖面图

3. 推动抢救性修缮和挂牌，实操性保护

探索可实施性的保护，目前在保护规划的推动下，村委已设立核心保护区永久保护界桩，严禁在保护区内进行破坏性开发活动。对历史建筑开展挂牌保护，采用楼长制，每栋建筑责任到人。同时，针对遐福堂、老人民公社、金书楼等十几栋典型传统民居，从组合形式、屋顶、立面、门窗、高度等多维度，落实分区风貌管控细则，开展抢救修缮工程，打造修缮的示范样板，目前修缮效果良好。

▲ 图3-14　遐福堂修缮前后效果

▲ 图3-15　人民公社修缮前后效果

3.1.3　振兴统筹，培育差异化的竞合格局

1. 培育特色文旅强点，差异化发展

注重差异化发展，围绕一镇三个国字号的传统村落，按照“竞合发展”的思路进行规划，培育建设十多个文旅节点。依托民国名人林青龙及金书楼，开展金书楼建筑群休闲片区设计。规划将老人民公社改造为游客服务中心；最能体现建筑艺术的遐福堂被改造为艺术展示基地；

上风上水的“上田角落”被改造为闽中民俗体验村；已废弃多年的“德化铁厂”被改造为工业遗址旅游基地；洋坑村的德板洋角落临近东山岩寺，四处围山，景观优美，被改造为禅修养心区。目前，部分节点正在实施建设中，以期构建在美湖生态休闲、在洋田体验文化、在洋坑田园住宿的一体化传统村落特色发展新格局，促进文化旅游与生态旅游的协同并进。

2. 强化塑造核心片区，串联整合发展

强调整合串联发展，对于美湖村核心文旅片区，依托一条观光火车，串联打造“美湖十园”旅游格局。从敬拜、食物、农业、动物、环境、文化、艺术、休闲、家庭和户外活动这十个方面体验乡村的十层故事。在空间落实上，在传统村落保护与生态保护的基础上，建立“浅开发、深研发”“轻建设、重内容”“轻投资、重运营”的发展理念，以村落文化与生态为场景，研发观光+体验+商业的复合产品体系的综合性、多产融合的景区。因地制宜，适度增加建设，打造常态化旅游项目体系，满足全年龄段客群的需求。打造集“文化体验、创意农业、生态休闲、乡野生活”为一体的旅游功能体系。建立“美福家”集福项目机制，定期举办樟树王祭祖、户外极限挑战周、美湖美食节等节庆活动，打造活力美湖。目前十园中已有五园初显成效，同时通过建设观光火车项目串联多个文旅节点，目前已建设竣工，在2020年五一劳动节试运营期间接待游客已突破1万人，极大地带动了旅游发展。

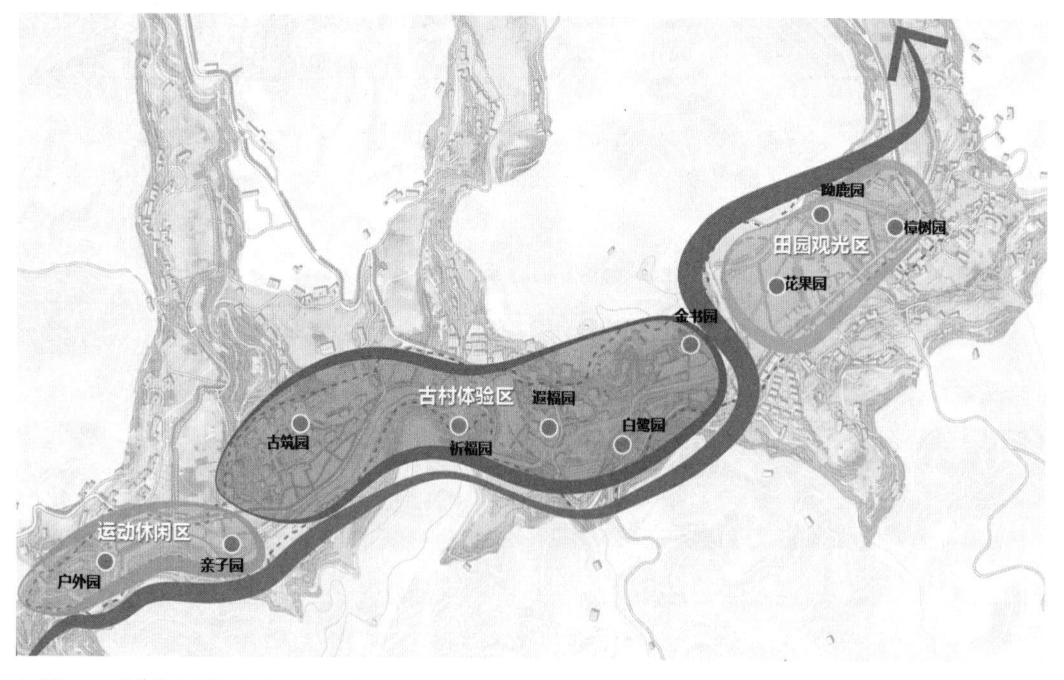

▲ 图3-16 “美湖十园”文旅项目布局

3.1.4 触媒激活，重塑公共文化活力空间

在公共文化活力空间重塑中，我们采取“针灸式”的思维，将现有的村落格局当作一个整体，在整体保护的前提下，精准选择设计对象，并进行替换织补，为古村落带来更新和发展的可能性。

区域内最突出的是村民以耕读传家、聚族而居的生活智慧，这些历经岁月演变而成的乡村文化需要有相应的文化要素对其进行诠释。策划的核心理念来自当地人所说的“美湖美福”，项目组从百年传承的乡村生活出发，重新定义不同公共空间的功能：樟树王公园——祈福请愿；美湖村标广场——文化感知；遐福堂广场——文化休闲；农耕童乐园——乡间娱乐，同时以一条美湖溪串联其间，从祈福、休闲、文化、农耕和户外活动等多个方面体验乡村的多层幸福感，带动村民根据亲身经历重新定义幸福生活。

美湖镇区域范围广，策划项目与规划内容要完整地落实到村落中，需要较长的历史过程，应将村民参与作为必要条件。为了与村民建立互信关系，项目组设计了4个公共文化空间及1条景观带，希望通过“以点带线，以线促面，点面结合”的方式为村民做出示范，尊重村民意愿和村庄实际，引导村民建立对在地文化的认同感，使村民主动参与到乡村建设中去。

1. 优先激活公共文化空间，传承文脉

针对公共空间活力衰退的问题，在空间更新中优先开展樟树王公共文化空间的更新改造，重构承载节日庆典的农村公共祭祀空间。优先更新公共文化空间能够起到激活村落共生文化、提高村民凝聚力的作用。更新将樟树王、显应寺作为代表符号，通过轴向空间序列的重构、祭祀功能场地的增设、多视觉廊道景观的再造等方式重新塑造了樟树王公园的祈福、祭祀等村庄文化活动功能。

面对交通游线混乱，樟树、寺庙、池塘、河道相互割裂的问题，设计强调以千年樟树王为主体，打造幽静樟树王公园，通过梳理交通联系文化要素，设计大门塑造美湖特色文化，提升景观品质。打造亲水平台，联系池塘与寺庙。打造拱桥，联系寺庙、环路及河道。打造环线，串联樟树、寺庙、池塘、河道，形成互动关系。长廊设计提取“戴云山筑”建筑元素，起到展示观景功能。对现状廊架进行景观提升，与长廊形成对景。对现状围墙进行改造，运用瓷片、瓦片材质，增加标识。铺装采用陶瓷碎片、青砖等本土材质铺设，传承本土文化特色。

我们借助这样的空间载体，培育名片式的节庆活动“一棵古樟树+一场祈福活动”：以千年樟树王为主体，弘扬本土祈福文化，延续举办目前每年的例行祈福活动。吸引村民在此休

▲ 图3-17　樟树王公共文化空间设计图与建成效果

闲纳凉、聚集谈心、儿童嬉戏，曾经的空间活力正在逐渐恢复。

2. 塑造古村文化标识，强化感知

一个尺度适当的村庄标识能够充分地营造场地进入感。我们重点突出“戴云山筑”作为代表符号，重塑文化标识的乡村公共展示空间。将区域历史文脉及本地建筑文化进行糅合提炼，结合村口望鹭亭及水系景观，运用村标设计，增强人流引导性，打造具有美湖村“戴云山筑”特点的标志性入村节点。广场位于两条交叉道路旁，现场识别性较差，采用传统的砖瓦材料，使村标的设计自然而然地从村庄内部渗出，与整个地域互相回应，进而重塑传统村落的文化标示性，形成游客心中的古村印象，同时提升村民的文化自信。

▲ 图3-18　美湖村入口空间标识设计图与建成效果（设计图为自绘，建成图由美湖镇提供）

3. 培育公共服务空间，提升品质

激活承载村民记忆的农村公共文化空间。重点更新历史建筑“逻福堂和人民公社广场片区”，设计融合“戴云山筑”古老民居范式，让新建景观具有乡土感和地域特色，增强文化自信。传承原有“山—屋—院—田—水”的格局，梯田是格局的重要组成部分，更是闽中农耕文化的典型代表，新建景观融入梯田，体现从自然中生长出来的自然美学观。同时完善了“小火车”始发站的综合配套功能，以“轻介入、微改造”为原则，设计小品构筑，展示美湖特色文化，提升整体景观品质，明晰步行流线，串联各个景观空间，激活承载村民记忆的农村公共文化空间。

▶ 图3-19　逻福堂和人民公社广场片区设计图与建成效果

4. 塑造乡野休闲空间，激发活力

塑造乡土生活的乡野休闲空间。我们重点突出农耕童乐园的设计，设计融入农耕、亲子、童乐等元素，希望为家庭、亲友等提供一个乡野欢聚之地。设计依托原有高差，展示山水林田文化，再现乡野风貌。利用多样灵活的林田分界线，将童乐园分为入口广场区、生态观光区以及儿童乐园区。提供林地、田地两种不同体验，并将综合服务、看台、科普、互动等功能融为一体，营造人流聚集、亲子娱乐的公共活动休闲场地。

◀图3-20　农耕童乐园设计图

5. 美湖溪景观带提升

整治乡野生态的古河道游憩空间。我们重点突出古河道的链接属性，一条美湖溪景观带，串联多元主题文化公共空间，统一布局，还原生活，弘扬文化，做足体验，场景营销，打造以文化祈福、创意农业、文化体验、生态休闲为主的乡野生活区。设计营造祭祀（漫步道）—展示（漫步道）—活动（小火车+漫步道）—记忆（小火车+漫步道）的线性体验序列。设计将河道沿线特色文化符号与村民记忆一同融入古村特色文化的打造中。

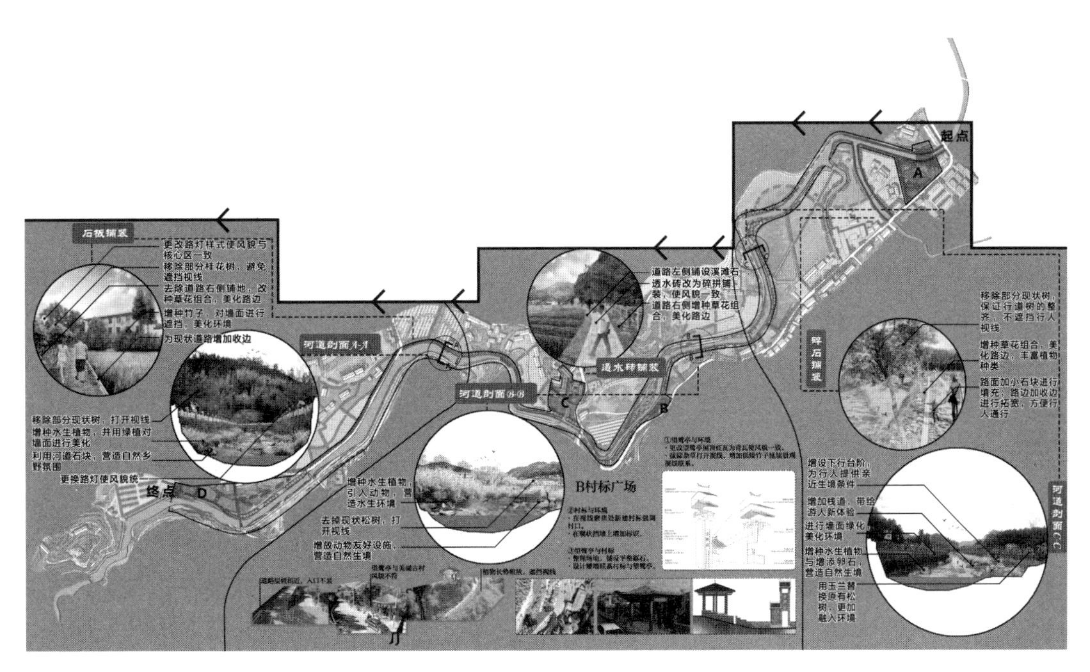

▲ 图3-21 美湖溪景观带游憩空间设计图

3.1.5 闭环服务，探索全流程服务的乡建模式

几年来，团队赴美湖镇开展调研、汇报、交流等工作已累计二十余次，其间，在美湖镇开展了保护规划、村庄规划、旅游核心区规划设计、遐福堂等多个节点的详细设计、古建筑测绘建模修缮等工作。

面对资金难的问题，团队积极寻找可行的资金渠道。500万元省级支持资金团队无偿帮助编制汇报方案，逐句推敲汇报细节。近两年，在团队直接及间接帮助下，美湖村已成功申报支持资金2000余万元。

针对“观光火车”落地的资金难问题，镇政府采用股份+分红模式，激发全镇8个乡村的积极性，举全镇之力集资800万元（每村参股约100万元），助推这一个点的发展，充分发挥了“聚小钱办大事”的机制效用。

面对设计与施工难吻合的问题，团队建立了施工把控群，采用线上线下相结合的方式，实时把控施工材料、施工风格，推动设计效果真实落地，不走样，不凑合。

面对招工难的问题，团队建议借鉴“共同缔造”的经验，发动村委鼓励村民“投工投劳”，按照“大工带小工”的方式，在干中学，既解决村民技术培训的问题，也带动起村民建设家乡的积极性，很大程度上节约了施工人力成本。

▲ 图3-22　村民“投工投劳”参与乡村营造

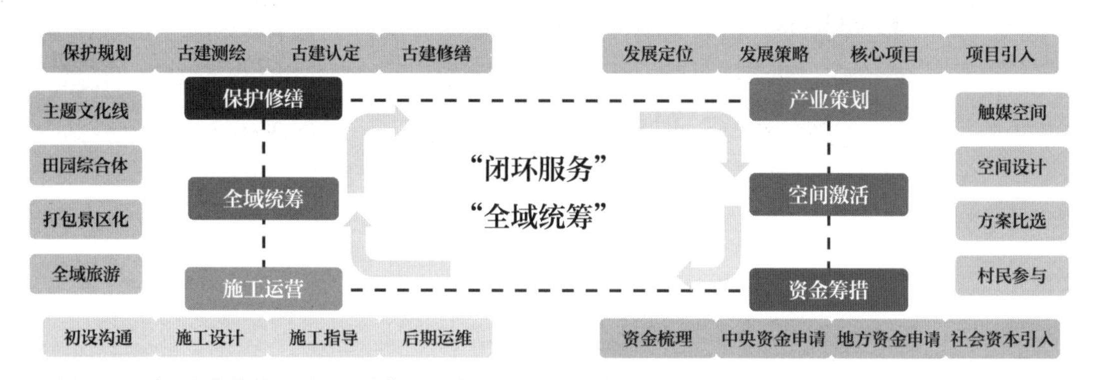

▲ 图3-23　从“保护管控”到“运营管理”的全流程闭环服务

保护管控—旅游统筹—资金筹措—古建修缮—景观设计—施工指导—运营管理，美湖乡村的保护与传承利用以及特色营造正在试图走一个从纸上规划到实际建设运营的闭环。不断探索以及活态利用可行途径，践行在保护基础上“留住乡愁”的传承发展导向，储备新时期乡建切实落地的技术经验，为乡村振兴贡献一份绵薄之力。

3.1.6　乡村特色营造实施成效

截至目前，针对三个传统村落的保护和传承利用工作仍在持续推进中，已对遐福堂、金书楼等十余处传统民居，以及两处廊桥、多处古道等进行了保护修缮，将其打造成美湖各村修缮示范样板。四处公共服务节点均已启动建设，同时累计开展了一万多平方米的公共文化空间更新改造，全面提升了美湖三村的文化景观风貌。“美湖十园”中已有五园初见成效，田园观光火车一期已建设竣工。培育的多个文旅项目在“观光火车”的串联下，正在加快协同发展，2021年在新冠肺炎疫情的大背景下美湖村全年旅游人次3.8万人，旅游总收入258万元，旅游活力正在不断得到释放。美湖村庄规划与建设项目成果显著，2021年8月12日，《人民日报》刊发通讯《福建德化：传统建筑活化利用展新颜》，深入报道德化县美湖镇美湖村开展古建筑修缮与活化利用、推动乡村文化旅游精品线路打造等特色乡村建设事迹。

▲ 图3-24　传统民居、廊桥、古道修缮效果

▲ 图3-25　公共服务节点建成运营效果

人民日报　有品质的新闻

福建德化：传统建筑活化利用展新颜

山环水绕、屋田相伴，古桥、古官道、古墓留存至今，见证着有800多年历史的德化县美湖镇美湖村的前世今生。活化利用传统建筑，成为美湖村传统村落保护的一大亮点。

▲ 图3-26　《人民日报》报道美湖镇乡村营造情况

3.2

房山区史家营乡——乡村转型发展路径探析

3.2.1 史家营乡村特色与诉求

史家营乡位于房山区西部，属于首都生态涵养区与西山永定河文化带交汇地带，有丰富的自然生态和人文底蕴。史家营乡域总面积108.41平方公里，下辖12个行政村，户籍人口11970人，常住人口3364人。

史家营乡是京西屏障、交通险地，借助地形优势，在唐末五代时期为盘踞在此的刘仁恭的后备防御要地，也是抗日时期北京至延安的红色输出线路。史家营在战乱时期是京畿平原避乱之所，在和平时期为煤矿资源输出地，形成了军营百姓融合生活的境况，村落因此积淀形成了独特的工矿产业文化、传统营建文化、京西红色文化三大核心特色文化。

1. 三大特色文化——工矿产业文化

房山地区矿产丰富，工矿生产和发展历史悠久，是唐代京城盛极一时的佛寺汉白玉产地，辽金时期的煤炭供给京都。明清时期，房山西部山区工矿的开采，极大促进了北京地区的城市发展建设。民国时期，房山地区庞大的工矿储藏成为各大军阀及日寇的必争之地。中华人民共和国成立后，优质煤炭矿产资源为首都建设做出巨大贡献，留下工业遗产。

史家营乡在其中为北京千年文化建设贡献珍贵的矿产资源，丰富的煤矿资源成为北京城市生活的保障，也是新中国建设的重要力量来源。经过数百年的开采，矿产资源已告竭，开始走向修复转型发展之路。2010年，史家营乡结束了千年的采煤史，采煤导致了森林植被破坏，水土流失严重。为了改善生态环境，史家营乡积极开展矿山生态修复，位于曹家房村的百瑞谷景区被评为“矿山修复产业转型示范单位”，同时也是国家AAA级旅游景区，旅游产业已取得一定成效。

▲ 图3-27 史家营煤矿旧址——枣园煤矿、西江口煤矿

2. 三大特色文化——传统营建文化

史家营乡的京西山村特色突出，山以文盛修德谷，文因地显重机杼，是一个藏风避乱、修行之地。从南北朝时期开始就有大批僧人来此修行，逐渐修建了显光寺、瑞云寺、圣泉寺等古禅院。

史家营乡村庄整体风貌古朴典雅，以2022年被评为第六批中国传统村落的柳林水村为典型。除此之外，乡域内还保留有很多山村特色突出的村庄，比如史家营村、秋林铺村、金鸡台村、元阳水村等，这些自然古朴的村庄独有一番韵味，也是很好的乡村旅游资源。

▲ 图3-28 圣莲山景区——瑞云寺

◀图3-29 中国传统村落——柳林水村

3. 三大特色文化——京西红色文化

史家营乡红色文化丰富，抗战初期以百花山为中心建立平西抗日根据地，是晋察冀东部屏障，以百花山顶为指挥所，史家营地区多次组织战斗粉碎日军的扫荡，记录可歌可泣的英勇事迹。同时，沿大石河水系是平西革命根据地的重要交通线路，史家营乡是根据地的枢纽通讯站，北至门头沟马栏村，南至房山霞云岭、十渡，是北京至延安红色线路上的京西中转站。

“卢沟桥事变”后，北平的进步学生弃笔从戎，踏上了史家营乡（庙庵梁至百花山）的山间小路。史家营乡和斋堂镇交界的山顶小路，是进步青年去往延安的必经之路，由史家营乡革命前辈们多次带领进步青年从山顶走过，这条“红色小道”也成了重要的红色文化资源。除此之外，村落里还有众多红色遗存、红色文化、红色故事需要挖掘和整理。

▲图3-30 萧克司令员指挥所旧址、史家营村烈士陵园

◆ 史家营乡各村红色资源统计表　表3-1

序号	名称	地点	历史功能
1	萧克司令员指挥所旧址	百花山显光寺	战斗指挥所
2	抗战小学旧址	史家营村	爱国教育基地
3	邓华将军办公旧址	大村涧村	革命办公部
4	根据地华兴煤矿旧址	莲花庵村	红色经济
5	八路军留守处旧址	大村涧村	物资库、留守儿童处、伤员治疗处
6	烈士陵园	史家营村	战斗旧址
7	兵工厂旧址	百瑞谷瑞云寺	物资生产
8	昌宛房联合县政府旧址	秋林铺村	管理部门
9	政治犯监狱旧址	秋林铺村	管理部门
10	红色小道（根据地古道）	金鸡台、莲花庵等	交通线路

除以上三大特色文化之外，史家营乡景区资源也较为丰富，共有AAAA级景区1处、AAA级景区2处。目前，三大景区已带动所属村落发展，具备一定旅游基础，但乡域内其他村落仍较为落后，许多资源还处于“藏于深闺人未知”的状态，需要充分挖掘和开发。

◆ 史家营乡A级景区资源统计表　表3-2

景区名称	位置	海拔	称号	景区特色
圣莲山风景区	柳林水村	930米	国家AAAA级旅游景区 爱国主义教育基地	圣莲山景区以太行山为脉络，古称太山，因整个山体酷似莲花状，故曰“圣莲山”，是集历史文化遗产与人文景观为一体的大型旅游景区，被誉为“京都第一奇山”
百瑞谷自然风景区	曹家房村	700～1800米	国家AAA级旅游景区 矿山修复产业转型示范单位	百瑞谷景区内山水自然，生态优美，动植物资源丰富，气象景观独特，人文底蕴厚重。内有始建于北周时期的瑞云寺，距今已有1400多年的历史，见证了中华文明的沧桑变迁。建有佛教文化区、自然观光区、矿山生态修复区、矿业遗迹展示区等7个功能区域

续表

景区名称	位置	海拔	称号	景区特色
百花山国家级自然保护区	莲花庵村	主峰海拔1991米	国家AAA级旅游景区 国家级自然保护区	百花山地质环境独特，风景优美，共分为四大景区：百花山主峰景区、百花草甸景区、望海楼景区、百草畔景区，是北京唯一的集高原、草原风光为一体的自然风景区

◀ 图3-31 圣莲山景区

◀ 图3-32 百瑞谷景区

总体来看，史家营自然环境优越、地质资源丰富，三个A级景区已形成了一定旅游基础，乡域内红色资源分布广，部分红色旅游发展已初具规模。史家营乡产业转型，矿山修复、乡村振兴等政策提供了良好的产业发展机遇，但目前旅游发展存在设施不足、对外交通能力不足、服务品质较低等制约性问题。因此，史家营旅游产业发展需要从全域层面整体统筹，谋划发展。

3.2.2　全域旅游指引下的乡村发展转型

史家营作为房山区“十四五”规划中必须创建为镇域级全域旅游示范区的乡镇之一，借助房山区创建北京市全域旅游规划示范区的契机，在首都生态建设新格局的背景下，史家营有着较大的旅游发展潜力。

全域旅游总体定位以“高端化、绿色化、集约化”为导向，将生态文明建设和城市度假发展理念有机融合，通过区域资源整合、空间结构优化、引擎项目带动、产业集群发展、机制体制创新等举措，充分释放史家营潜力，打造未来山地度假乡镇样板。完成旅游产业提质增效和旅游产品转型升级的目标，形成史家营乡特色的康养度假全产业链建设，最终打造成为集都市休闲、养生度假、山地运动、文化体验、生态观光、主题娱乐等多功能于一体的“京郊山地度假之乡”。努力将史家营乡建设成为全域旅游支持下的京郊山地康养旅居目的地，以矿山修复转型为特色的红色生态文旅乡。其未来发展目标是成为国家全域旅游示范区、红色旅游示范基地、乡村文旅产业振兴示范乡镇。

全域形成“两廊三区定格局、多点共荣聚主题”的整体空间格局。一条廊道以史家营红色故事为背景，依托贾史路串联史家营红色文化资源点，形成兼具科普教育和生动体验的红色文化展示廊道。另一条廊道依托大石河串联三大片区，形成兼具观光和体验的生态廊道。乡域内形成三个特色片区，门户依托圣莲山景区，结合柳林水传统村落、

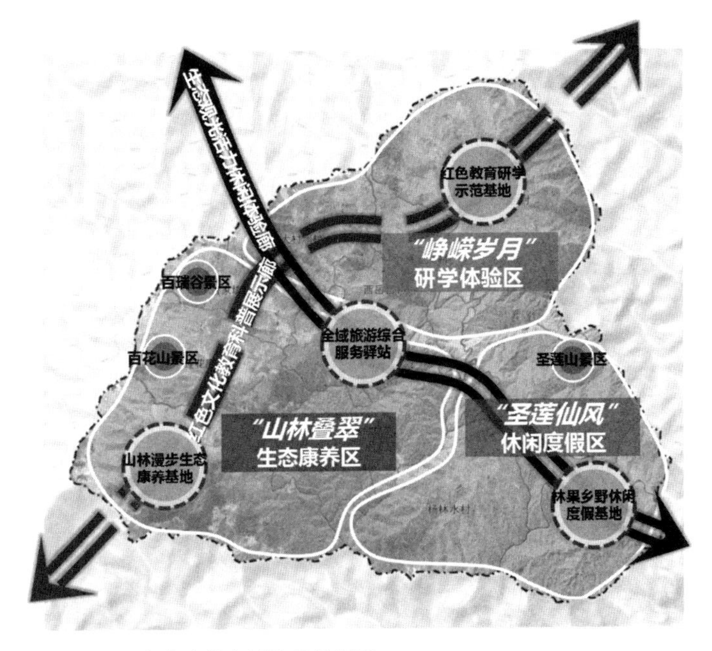

▲ 图3-33　全域旅游空间格局规划图

元阳水和柳林水农业种植基础，构建“圣莲仙风”休闲度假区；依托金鸡台、大村涧红色资源，结合青土涧溶洞景观、山楂林和煤矿遗址等特色旅游资源，构建“峥嵘岁月”研学体验区；以百花山和百瑞谷两大景区为核心，结合秋林铺白桦林、高山草甸、青林台峡谷景观，构建“山林叠翠”生态康养区。同时依托三大景区和四大节点形成全域多点发展的格局。

3.2.3 矿山修复及价值实现模式下的振兴探索

史家营乡深入探索“旅游+”和“+旅游”产业融合发展模式，推动农旅、文旅、体旅、工旅等多产融合；通过制定明确项目体系、构建产业链条、创新旅游产品、完善运营模式等途径，打造全域旅游融合典范。

史家营关闭煤矿之后面临产业转型，在全域旅游层面将生态修复治理与文化旅游产业相结合，依托修复后的自然生态系统，致力于推进绿色生态产业。全域旅游以乡村振兴为导向，结合各村林果资源分布，进行特色化打造，形成“乡镇主品牌+分区特色品牌”，探索适宜不同群体的“红色、绿色、彩色”特色农产品。

片区内的各个村庄结合自身特色构建“游+林+果”“游+林+苗”“游+林+药”的农林复合体。通过将景区与周边乡村进行套票联售，旅游赠送特色“林果”“林药”“花卉

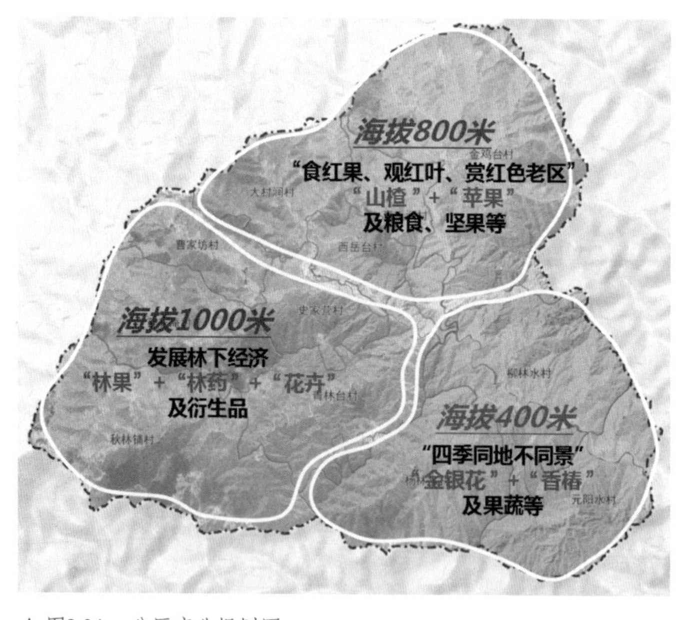

▲ 图3-34　分区产业规划图

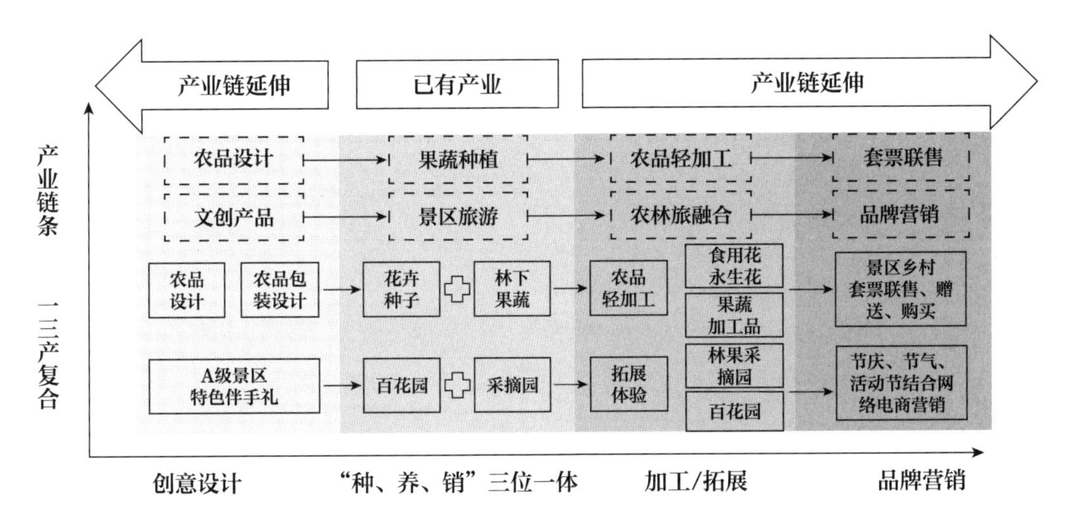

▲ 图3-35　全域乡村振兴产业链体系规划图

种子”等伴手礼的形式，加强旅游与林果、苗和草药等森林资源的充分结合，带动区域发展。

1. 海拔400米片区

元阳水村已有金银花种植产业，和有关专家合作，培育“产量多、价值高、经济好”的品种，形成“史家营金色之花”品牌。在元阳水村通过认养农业促进休闲农业产业提升，形成“休闲农业+合作社”经营模式。通过农事体验、宣传推介、亲子实践及文创活动，建立“互联网+认养农业模式”平台。消费者通过APP认养农产品、实时监控“一亩三分地”，并亲自参加劳动。

柳林水村可结合圣莲山景区，将道教文化与金银花中药特色品牌结合联售，以景区为销售窗口，结合不同节日节气等售卖四季不同的伴手礼。依托门户优势，打造四季皆宜的慢节奏、深度体验的度假康养旅游地。

2. 海拔800米片区

推行“红色文化+红色林果+旅游”的旅游模式，如针对金鸡台村“食红果、观红叶、赏红色老区”旅游地特点，进行“红+金”结合、“红+绿”结合等多种农旅融合开发，打造农业+旅游业融合的旅游产品，提高整体旅游收益。

◆ 史家营乡海拔800米片区农业特色种植指引表　　表3-3

类型	乡村	发展路径	主要作物
果蔬类	大村涧村	农业发展绿色纯天然果蔬打造自身品牌	苹果、桃树、柿子、梨树
	秋林铺村		苹果、桃树、蔬菜、山楂
	莲花庵村		柿子、梨树、蔬菜、山楂
	曹家房村		桃树、柿子、蔬菜、山楂
	青土涧村		苹果、柿子、蔬菜、山楂
	西岳台村		苹果、山楂

3. 海拔1000米片区

立足资源优势发展特色农业，加快推进"游+林+X"新模式，打造一、三产完整复合产业链条。结合"旅游+"与"林+"产业融合发展，构建一系列"游+林+果""游+林+苗""游+林+药"的农林复合体。

依托百花山景区、百瑞谷景区内"无人造、纯天然"的自然景观，进行生态转化、绿色发展。通过将"森呼吸·林距离"的生态价值与文化内容结合，把优良的生态环境优势转化为生态农业、生态工业、生态旅游等生态经济优势，打造出可体验、创新性生态产品。在景区内以及周边乡村推广套票联售，赠送特色"林果""林药""花卉种子"等产品及衍生品，以此延长游客本地消费链。

3.2.4　景村融合模式下的乡村振兴

推进周边乡村与景区融合发展，以三大景区建设带动乡村旅游、经济等发展，进一步挖掘景区旅游资源，将景区旅游项目提质升级，构建房山区全域旅游目的地。整合景区资源，提升景区文化内涵，做大旅游景区品牌；挖掘史家营地域文化，充实旅游产品、旅游要素、旅游服务和目的地建设的文化内涵；推进旅游要素的主题化开发，深化目的地文化内涵，延伸旅游产业链条。整合百花山、百瑞谷、圣莲山等景区资源，打造生态旅游产业集聚区；整合红色文化、乡建文化、生态休闲等资源，构建史家营"一村一品"乡村振兴产业发展。

整合史家营乡的国学文化（孝德文化、佛教文化、道教文化）、工矿文化、民俗文化、乡建文化等，与旅游结合，构建"旅游+文化"多维空间矩阵，丰富旅游内涵。依托当地已有的节庆活动，如“史家营杏花季”等，结合当地林果售卖、景区盛花期等特殊时期，将史家营乡优秀传统文化在各乡村旅游过程中多样化展示，在史家营乡不同分区内积极组织各种形式的传统文化主题活动。

推广金鸡台村现有丰富国学文化活动，开展书法大赛、古诗词大会、经典诵读活动；辟出展示画廊、画墙等供游客欣赏，为传统书画和诗词提供交流平台。

在元阳水村进一步以回门宴、梆子戏等民俗文化特色表演开展一系列戏曲和传统舞蹈音乐文艺演出等各种形式的传统文化体验赏析活动。

依托圣莲山景区佛家、道家的双重特征，开展“论坛+节庆活动+研修”的多元展示，塑造圣莲山文化旅游品牌。通过论坛、节庆活动、研修班等可参与形式吸引游客，打造集养生体验、研修讲座、国学讲堂为一体的国学文化互动传播基地。

在百瑞谷景区，结合工矿遗址挖掘工矿文化，诉说工矿遗址“前世今生”，使游客寓教于乐、深入了解消逝行业的故事。围绕工矿文化推出景区特色文创产品，比如钥匙扣、笔筒等年轻人喜欢的特色产品。

打造史家营乡全域旅游“一乡一品”的旅游主线，发展史家营乡文化旅游“一村一品”的多样主题，最终形成“一景一品”的旅游发展格局。

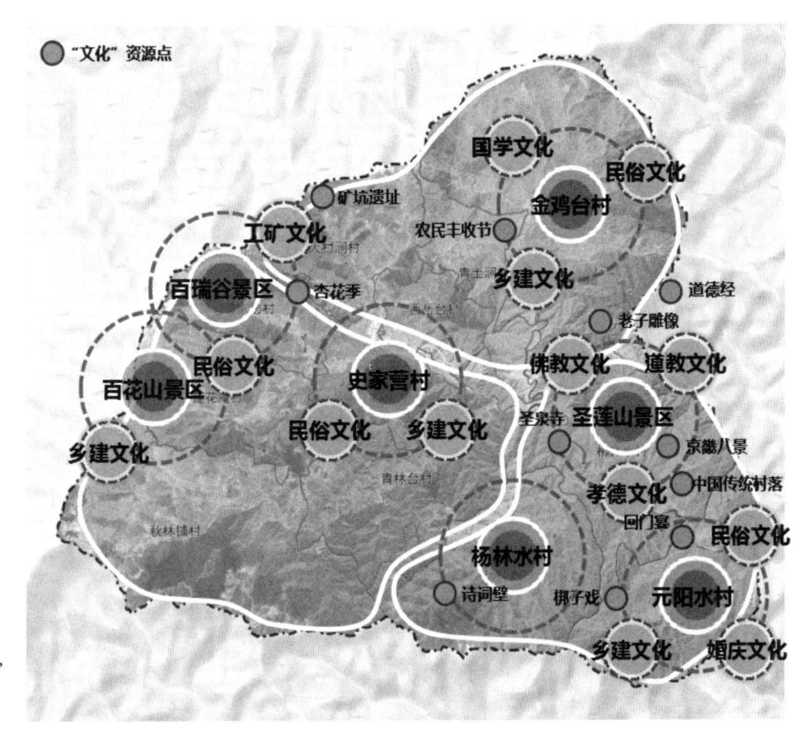

▶ 图3-36　史家营乡文化旅游“一景一品”发展格局

3.2.5 红色廊道串联模式下的乡村振兴

在红色旅游发展方面，以“重走平西革命道路，踏寻北京红色记忆”为口号，对遗址遗迹和历史事件进行梳理，形成一条史家营红色之路，作为史家营乡主要红色文化游览路线，分段打造“英雄岁月”“缅怀先烈”“红色山乡”“星火闪耀”四段红色文化主题线路，使游客能够对史家营乡红色精神的内涵有更加全面、细致的了解。同时未来可加强与平西抗日根据地其他乡镇红色资源的串联，联合构建区域整体红色路线。

1. 打造“平西根据地，红色史家营”的主题形象

以“史家营精神”作为平西精神的延续和发展，重点构建以金鸡台村红色旅游品牌为首的红色旅游品牌、红色展览品牌、红色文艺品牌、红色研学品牌，并打造具有史家营乡特色的红色标识标语、红色伴手礼等。

2. 构建线上、线下整体互动的宣传模式

线上部分以宣传短视频为主，传播史家营乡红色品牌。线下部分以行进式沉浸参与体验革命先烈英雄故事、参观纪念馆主题活动等为主，重点开发受青年游客青睐的体验项目。

3. 开展以“红色文化”为主题的旅游和文学创作活动

结合史家营乡红色文化游览路线的打造，以梆子戏、歌舞、诗词、绘画、短视频等形式编撰红色文化传奇故事，编演红色文化节目，展示史家营红色文化魅力。以“史家营精神”为主题拍摄红色旅游宣传片，开展青少年寻访红色旅游基地等活动，重拾“史家营精神”。

4. 围绕金鸡台村打造红色教育研学示范基地

前期打造红色研学基地，后期跳出“人往红色基地走”的常规红色研学模式，依托红色文化游览路线开展流动式红色教育。在金鸡台村组建专业讲解队伍，从史家营各乡村内挖掘优秀讲解人才，讲好“红色家史”故事。组织史家营红色文化传播渠道。充分与党校、学校、企业等单位合作，推出一系列如“缅怀先烈，红色传承”主题党日等史家营红色文化宣传活动。

▲ 图3-37　史家营乡红色文化旅游线路

3.2.6　小结——多路径促乡域融合发展共筑乡村振兴

史家营乡立足“高山生态文旅乡”功能定位，贯彻落实绿色发展理念，积极推进转型发展，坚决守护绿水青山，确定了打造“高端养生养老、精品休闲旅游”产业的发展思路，重点实施推动圣莲山和百花山两大景区的改造提升，按照AAAA级标准建设了曹家坊百瑞谷景区，完善了全乡旅游接待服务设施，顺利通过了联合国教科文组织对中国房山世界地质公园圣莲山、百花山园区的评估验收。

史家营乡以工矿转型、红色文化发展为契机，进一步激发文旅、农旅融合发展潜能。一方面，史家营乡强化可持续发展，着眼于整个乡域的资源利用与开发，以成熟的圣莲山、百花山、百瑞谷三大景区为基础，整合乡域资源，系统性开展游览观光、娱乐休闲、科普教育、民俗旅游等项活动，旨在打造一个完整、多元化的旅游目的地。近些年开展的“京西古村市集”“千叟宴”“金鸡台嘉会”“乡村音乐节”等活动将乡村、文化和自然、历史和现代等元素有机地结合在一起，为游客提供全方位、多角度的休闲旅游体验。另一方面，在积极推进高端民宿和乡村旅游项目的同时，加强生态环境建设，创新特色产业，在打造内在品质的基础上，不断提升软硬环境，大力提升全乡旅游产业的辐射力、拉动力和影响力。

此外，史家营乡充分依托北京高校在专业技术、视野思路、人才培养等方面的优势，深化校地共建，与中国农业大学、首都经贸大学、北京理工大学、北京工商大学等多所高校开展深度合作，通过签订战略合作框架协议、挂牌红色教育实践基地、设立教授工作站等灵活多样的合作形式，促进史家营乡村规划、文化挖掘与整理、农产品深加工、农业技术推广培训等全方面发展。同时，通过校地合作，将共建成果辐射至全乡各村，通过整体谋划、共建共享，努力将其打造成为在全市范围内有一定影响力的乡村振兴实践创新基地，助力史家营乡转型发展和乡村振兴战略实施。

3.3 镇村联动下的乡村振兴模式探究

着墨的两个案例各有特色，有可以相互借鉴的地方，也各有不足之处。但两个镇乡层面的乡村振兴实践也说明，在省市统筹和全域统筹的城乡关系基础上，更要重视镇乡层面的乡村振兴统筹，构建更为紧密的镇村关系。单村发展难以形成连片效应，全域统筹振兴也有其难以兼顾的瓶颈，乡镇作为村庄的直接管理机构，具有执行的便捷性和高效性。那么以“镇村联动”推动乡村振兴的发展模式是否有可循之规，抑或有哪些可以完善提升之处呢？通过总结与思考，继续深入探索镇村联动的乡村振兴具体实施路径，并结合美湖镇和史家营乡实际给出中肯的优化建议。

3.3.1　组织联建，组建更为多元的共管共治组织

单村建立的乡村振兴组织以村两委为主，人员类型较为单一，且影响力和执行能力都有限。在镇村联动模式下，可以根据需要，建立多村联合的共管共治领导组织，制定明确的联建村联合党委会议制度。按照“选‘能人型’人员、搭‘发展型’班子”思路，吸收镇政府领导、区域内村两委、企业负责人、合作社负责人、乡村能人、在外乡贤等更为多元的人才作为核心成员。对上统筹政策落实、对外承接项目落地、对内联动服务群众，形成乡村振兴集群叠加效应。合力推动解决共建村重难点问题、重大事务和重要工作。

例如德化美湖镇，建议在现有的镇政府主导的管理模式基础上，将美丽乡村示范线上5个联建村中的乡村振兴人才、种植大户、龙湖漂流企业负责人、制茶大师、返乡青年等纳入乡村振兴专班，在规划论证、乡村建设、产业培育等多方面参与决策，促使组织核心力量增强，有效激发管理队伍推动发展和为民服务的热情，使联建组织的设置更加适应本地经济、社会发展需要。

3.3.2　产业联动，培育更差异协同的产业格局

单村的产业发展往往独木难支，市场化运行不高效，难以形成规模效应。同时还出现“一村兴盛，多村模仿”现象，造成产业同质化、内卷化的情况。多村联动的产业发展能够有效解决该问题。

一是建立分片区的产业发展联盟。按照“地域相邻、产业相近、治理相融”的原则，在镇乡层面探索组建多个主题产业发展联盟，更容易落地到具体的产业品类上。产业发展联盟着力构建现代农业产业体系、生产体系、经营体系。一头组织农民和乡村各类资源，另一头有效对接市场资源，降低村集体经济直接参与市场的经营风险，从而减少市场沟通成本、资源整合成本、交易风险成本，激发乡村发展活力。

二是培育差异互补的产业格局体系。正如美湖镇的“美湖十园”，以及史家营乡的“红色线路串联+景村融合”等多个模式，均是为了统筹不同村庄的发展，破除同质化的禁锢，形成竞合发展格局，在这一点上两个案例成效较为明显。

三是形成品牌共育、平台共用的共享模式。比如美湖镇的“美湖米粉”早已形成品牌效应，但目前附加值较低。建议将散落在美湖镇几个村的美湖米粉作坊进行整合，以“美湖米粉”产业联盟为平台，制定统一的产品生产规范，进行统一包装设计，建立统一的产品电商平台，提升产品品质，拓展销售渠道，提高产品附加值。

3.3.3 村村联建，建立技术更全面的乡建团队

推动“共同缔造”，提倡村民参与乡建的核心目的是为了解决乡村振兴中的高成本问题。由于乡村建设的技术性门槛，单村层面的乡村建设即便发动村民参与其中，也很难形成有效团队顺利推动建设。在镇乡层面组建村民参与的乡建团队有其优势，由于现阶段的村庄多为老龄村，单个村有技术的工匠和年轻劳动力较为有限，如果在镇乡层面建立“村民乡建团队”，则能巧妙地解决技术类型不足、劳动力缺乏的根本问题，能够形成一支“木匠、铁匠、泥瓦匠、厨师”等工匠类型俱全的乡建技术团队，同时按照“大工带小工”的方式，带动一般村民投入其中，形成镇技术团队主导+村民协作的全域“共同缔造”新模式。

同时，更为重要的是能够在全镇层面形成一以贯之的村民参与共建的管理机制与规范。一是明确工时摊派的“投工”定额标准、工时计费标准，以及以资抵工的方式等，规范“投工投劳”细则。二是加强技术指导，积极组织农村工匠参与项目建设，聘请专业技术人员提供技术指导。三是规范施工监管流程，比如建议单价在20万元以下的单个改造建设项目，其实施方案、预算和参与整治的村民等事项经乡村振兴共管共治专班审议通过才可实施建设。这几个方面都是“共同缔造”在单村层面难以解决的瓶颈问题。

3.3.4 资金联筹，探索更为灵活的资金筹措模式

资金是乡村振兴的核心瓶颈，单村层面的资金筹集规模往往较小，难以发挥振兴作用。以镇为单元开展资金筹措，则具有较多的可行渠道值得探索。一是建议抓大放小，聚合多村力量个别突破，形成带动效应。诸如美湖镇，由于村庄分散在山区之中，单村的打造很难产生聚合效应。通过田园观光火车的建设串联分散节点，形成聚合效应。在镇政府的组织下，建设观光火车的费用由镇上8个村庄共同筹资募集，每村100万元，参与入股分红，发挥了“聚小钱办大事”的效用。

二是建议全力开展资源变资产方式探索。在全镇域更容易开展乡村闲置资产的普查与梳理认定，将村庄中的闲置资源变成可开发、可租赁的资产。重点对已收回的村小、老中学、老村部、窑厂、单位院落等公共资产资源，进行登记造册，按照宜工则工、宜农则农、宜游则游的原则，深入推进“村企联建”，形成可租、可售、可入股灵活多样的收益机制。

三是建议全面发动群众，建立高效的资金自筹渠道。我们广大乡村遗址传承延续“岁修捐款”的良好民风，特别对公共祠堂、公益设施等的建设都有较好的民间基础。单村层面的自筹面临资金缺乏监管、资金使用不透明、使用效益低等普遍问题，应在镇域层面建立起完

善的资金无偿+有偿自筹机制，建立公开透明的资金使用流程，有利于大力缓解乡村振兴的资金难题。

以镇推动、村协同模式推动乡村振兴，有其独特的优势。通过疏通镇、村联合发展的堵点、痛点，实现镇、村两级联动。镇村联建的共管共治组织，能够广泛吸引全镇各村的能人、企业主、在外乡贤，链接更多的人才，形成更专业系统的管理和执行团队，有利于高效决策和执行落地；镇村联合的产业联盟建设能够以点带面，发挥集聚优势，形成规模效应，构建起现代农业产业体系、生产体系、经营体系，推动农业从增产导向转向提质导向，推动镇、村互促共荣；镇村联建的建设施工组织能够组建更全面、更规范的“乡建团队”，更加有助于推广“共同缔造”的乡村振兴模式；镇村联建的资金筹措模式更加灵活，避免“平均主义”的资金利用，能够集中力量办大事。以上几个方面共同说明了镇村联动的乡村振兴模式能够发挥1+1>2的规模效应，将成为中国特色乡村振兴的重要模式。

Chapter 4

第 4 章

区县层面的特色营造统筹

◀ 田庄村

在乡村振兴战略背景下，北京市及江苏省根据地方政策指引及现实情况开展乡村建设活动。2017年，江苏省立足江苏乡村实际，采取上下结合、竞争择优的方式，率先启动“特色田园乡村”建设行动，截至目前，成功创办593个示范村，其中不乏精品，计划到2025年建成1000个特色田园乡村。2021年，北京市通过“百师”与“百村”双向选择、“一对一”献策的方式组织开展“百师进百村”活动，并研究制定了《北京市“百师进百村”活动管理办法》，截至目前，已开展了152个示范村创建任务，计划逐步培育形成一批突出首善标准、代表首都水平、展现首都特色的乡村振兴样板。本章通过对比北京、江苏政策间的差异，分析江苏省“特色田园乡村”建设行动及北京市“百师进百村”活动的经验，总结出省、直辖市层面在政策导向下，适用的特色乡村营造方法。

4.1 江苏省全域特色田园乡村的统筹培育

4.1.1 江苏特色田园乡村行动

1. 行动背景

江苏省特色田园乡村行动是深入贯彻中央关于城乡建设和“三农”工作的决策部署，更是落实国家乡村振兴战略的一次探索性尝试。江苏省正视本省乡村发展过程中面临的资源外流、活力不足、公共服务设施短缺、乡土特色流失等问题，提出“重塑城乡关系、挖掘乡村魅力、注重乡村治理”的工作路径。特色田园乡村将成为“强富美高”新江苏和“两聚一高”新实践在“三农”工作上的新抓手，成为推进农业供给侧结构性改革、实现农业现代化的新路径。

2. 总体目标

围绕“特色、田园、乡村”三个关键词，积极打造特色产业、特色生态、特色文化，塑造田园风光、田园建筑、田园生活，建设美丽乡村、宜居乡村、活力乡村，提出了特色田园乡村建设“生态优、村庄美、产业特、农民富、集体强、乡风好”的具体目标。

3. 实施步骤

试点示范阶段（2017~2018年）。在苏南、苏中、苏北各选择1个县（市、区），每个县（市、区）开展不少于5个特色田园乡村建设试点，侧重于县域的工作推进和机制创新；在全省选择5个县（市、区），每个县（市、区）开展相对集聚的3个左右特色田园乡村建设试点，侧重于试点的关联性和互动性；在全省选择10个左右村庄，通过田园、产业、文化、环境等的联动塑造，培育创建"特色田园乡村建设范例村庄"，形成"3县、5团、10点"，即"351"的格局。

试点深化和面上推动阶段（2018~2020年）。在试点示范取得阶段性成效的同时，完善特色田园乡村建设相关标准，组织各地按照标准指引、有序引导、政策聚焦、循序渐进的要求，深入推进试点，开展面上创建，形成一批体现江苏特色、代表江苏水平的特色田园乡村。

区域集成和综合示范阶段（2020年至今）。2020年12月，《江苏省特色田园乡村建设管理办法（试行）》提出支持特色田园乡村数量较多、空间分布相对集中的县（市、区），开展特色田园乡村示范区建设。2023年1月，省农村住房条件改善和特色田园乡村建设工作联席会办公室正式发布《江苏省特色田园乡村示范区建设指南》，指导各地更加科学、有序地开展特色田园乡村示范区建设，充分发挥特色田园乡村区域集成综合效应，进一步推动城乡融合发展，统筹乡村基础设施和公共服务布局，实现乡村资源要素配置集约化、高效化、合理化，促进各类资源要素在一定区域内相对集聚、有效整合，形成集山水美景、田园风光、现代农业、乡愁记忆为一体，可深度体验、宜居宜业宜游的连片空间环境，从区域层面集成展现乡村振兴的现实模样。

4. 重点任务

江苏特色田园乡村建设整合了科学规划设计、培育发展产业、保护生态环境、彰显文化特色、改善公共服务、增强乡村活力6项重点任务，旨在通过系统化的集成行动，塑造乡村振兴的现实模样。

4.1.2 泗阳县特色田园乡村实践探索

1. 现状与特色

泗阳县位于江苏省北部，东临周恩来总理故乡淮安市，西接项羽故里宿迁市，南濒全国第四大淡水湖洪泽湖，京杭大运河、徐盐高速、新长铁路、宿淮铁路穿境而过，属长三角经济区和淮海经济区。古今名片是“泗水古都、美酒之都、林海绿都”。

（1）历史文脉——农耕文化底蕴深厚。泗阳县地处京杭大运河至淮河的交叉口，水运粮道咽喉要道，是历史上重要的水运粮道和南北重要水运运输线，历史底蕴深厚。由于京杭大运河的建设通航，催生了淮安、徐州两大粮仓，泗阳县作为水运联系的核心节点，历史地位显著。同时，泗阳县因地处淮河下游，土地肥沃，适宜种植粮食，且县域内南部的洪泽湖水产丰富，是全省农耕文明传承及地域文化复兴的核心代表。

（2）生态环境——水系充沛，生态本底优越。泗阳县内水域充沛，京杭大运河与古黄河穿流而过，有洪泽湖、成子湖两大淡水湖泊。泗阳县森林覆盖率达到47.8%，为中国平原地区之首，有“平原林海，世外桃源”之美誉。2014年以“平原林海美”获得“GN中国美丽县城”第18名，为江苏省唯一上榜县。全年空气环境质量较高，是适宜休闲、生活的乐享之地。

（3）产业发展——发展特色农业，坚持以农业为主导。泗阳县是全国著名的产粮大县、蚕桑基地县和重要的畜禽产品基地县，并且拥有全国规模最大工厂化食用菌生产基地。泗阳县也是江苏省首批13家农业现代化试点县之一，县域内建有省级现代农业产业园。全县第一产业规模比重高达15%，高出全国第一产业比重（8.6%）近1倍。在江苏省县、县级市层面也是名列前位。目前优质稻米、生态桃果蔬菜、食用菌、青虾、畜禽规模养殖等5大特色产业均已形成规模化种养殖，强劲的农业基柱为泗阳县建设生态特色高效农业奠定了坚实的基础。

（4）空间营造——建筑南北文化融合，独树一帜。苏北地区自古为南北要道，两京咽喉，历来军事地位显著，战争频繁，这也使得其地域建筑风格有别于苏南的精致细腻，而是以厚重粗犷为特色。其结构与造型大都是封闭、内向的院落形制，具有中轴线的观念。从空间通透性看，由于冬季寒冷需要保暖，也因内向性的民族文化性格，苏北民居虽然表现了北方四合院的封闭性，但由于夏季阳光比较强烈，加之南方开放思想的传入，苏北民居又表现出了江南民居“马鞍型”三合院的形制。

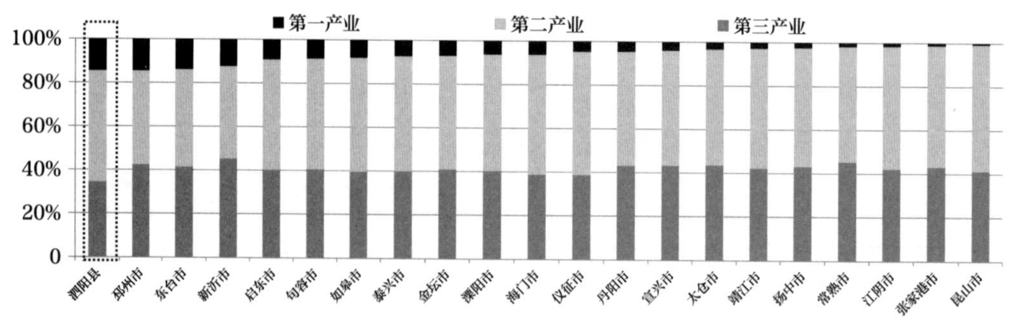

▲ 图4-1　江苏省各区县产业分布图

◀图4-2　苏北传统建筑风格

2. 统筹谋划思路

（1）以县域统筹为发展路径，构建两级协同的综合框架。特色田园乡村建设是江苏省解决三农问题的一次全新战略尝试，是建设高水平小康社会的重大举措。规划以城乡融合为视角，以推动“县域统筹，试点突破”的两级协同为方向，构建形成既体现空间、经济、社会和文化振兴，又体现治理体系创新和生态文明进步的综合规划体系。规划深入挖掘了泗阳县在历史文脉、生态环境、产业发展等方面的突出优势与核心资源，并且提出整体谋划策略。进而基于县域层面的整体谋划，选取5个有突出代表性的村庄作为试点，进行规划设计。

（2）以产业振兴为战略重点，探索分类施策的优化路径。规划以产业振兴为战略重点，依托农业种植基础，从源头处培育高附加值的经济作物，探索特色农业现代化、规模化生产模式；基于良好的生态基底、区位条件和地域文化等优势，探索农业+旅游的休闲农业发展模式；利用现代农业高新技术，探索智慧农业发展模式；依托村落综合优势，发展集循环农业、创意农业、农事体验于一体的农业综合体，探索一、二、三产联动循环的综合农业发展模式。

（3）以有机更新为设计理念，打造生产、生活、生态相融合的乡土空间。规划以“轻介入、微改善”的本土设计理念，重塑“山水田林人居”和谐共生关系，保护乡村传统空间肌理和传统建筑，传承乡土文化传统，保存乡村景观格局，促进承载乡愁记忆。通过当代田园乡村的营建和物质空间的持续改善，联动促进现代农业和有机农业发展，结合“互联网+”和“全域旅游”的推进，推动乡村特色品牌和特色产品的同步塑造与开发。从而带动乡村经济发展，创造乡村新的就业岗位，吸引人口、社会资源向乡村回流，助推乡村复兴。

（4）以“共同缔造”为实施方向，搭建长效运维的治理体系。规划通过试点建设，建立泗阳县特色田园乡村建设组织领导体制、村民议事会体制、农村产权交易体制、农村设施服务和社会管理供给体制、创新农业金融服务体制、新型农民队伍培育体制，进行乡村综合配套改革，建立乡村社会治理的新秩序。强化顶层设计，综合统筹，实现还权赋能，释放活力，构建三农综改，长效运营。

3. 试点村庄建设实践

第一批、第二批试点村庄包括李口镇八堡村八堡组、新袁镇灯笼湖村堆上组、新袁镇三岔村三岔组、卢集镇郝桥村时杨组、卢集镇薛嘴村薛嘴组5个自然村。5个试点村庄有各自的

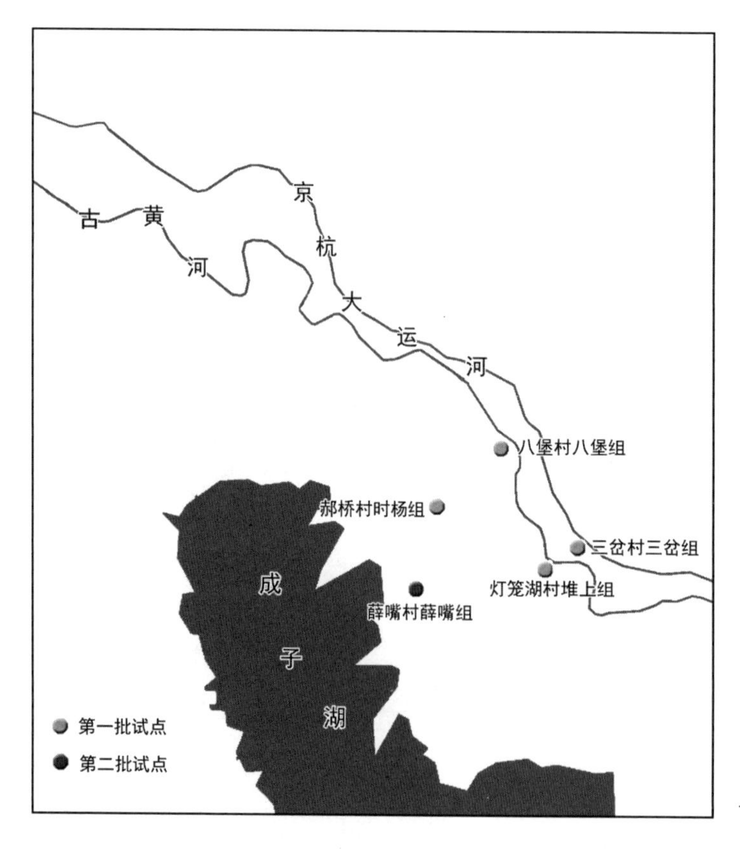

◀ 图4-3　试点村与重要水系关系

文化特色与地方标识，例如靠近京杭大运河的运河驿站文化、古黄河河水冲积泥沙沉淀而形成的独特生态格局、由于重要区位条件经历过战火的红色文化等。在试点村庄的选择上，形成了四点优势。第一，各试点村均邻近城市公路干线，对外通达性十分便利，各村之间的相互联通性强，可为未来5村之间的竞合式发展提供条件；第二，试点村处于京杭大运河、古黄河、淮河之间的交叉流域，该区域是历史水运粮道的咽喉腹地，其农业发展历史悠久，底蕴深厚，是泗阳县乃至全省农耕文明传承及地域文化复兴的核心代表；第三，试点紧邻县内核心生态强点——两河一湖，其所处区域具备优越的生态本底与土壤种植基础，非常适合特色田园乡村与特色农业的发展；第四，试点均处于县域南部重点发展区域，具备高效农业、旅游休闲等多样化的发展可能。这为未来村庄的特色发展与循环产业的构建，奠定了良好的区域基础。

受到城市化进程的影响，在乡村建设过程中忽视了景观的长期表现，过度重视即时效果；忽视了生态化建设的需求，过于追求速度和成本；忽视了村庄自身条件与需求，过度建设大广场、宽马路；导致大部分村落普遍存在着照搬城市设计手法、采用无差别低技术建造方式等问题，未能达到风貌特、文化显、品质佳的景观效果。项目组在5个试点村内，选取闲置建筑、闲置空间、村庄入口等改造弹性较大、景观文化价值较高的小微空间，进行深化设计。

在设计思路上，注重功能与文化相结合、生态与景观效果相结合、改造与更新相结合，主要突出三点。一是注重乡土文化的传承复兴。规划以村庄自身的乡土文化为内核，以物质空间为媒介，将逐渐消逝的村庄文化特征得以外向化表现，重塑村庄的文化认同感和地域文化标识，进而与村民日常生活有机融合。二是注重提升空间的实用功能性。规划在强调文化复兴的同时，也关注空间功能性的合理定位。结合不同村庄的实际发展需要，尊重村民生产生活方式和时代发展需求，增加休憩、服务驿站、文化学堂等现代服务功能，满足村民日益增长的美好生活需要。三是注重传统元素营造的在地景观。规划通过本土材质、营建工艺和乡土植被的传承应用，最小化干预村庄的传统风貌格局，创造有地域乡愁记忆、有温度的场所空间，重塑乡村正确的审美观。

（1）公共空间——八堡村“时代景墙”

八堡村位于京杭大运河与古黄河中间，村内保留有两条较大的水流贯穿全村，分别为七里沟和方塘沟，为村庄农业产业发展提供了良好的生态环境。村落地势整体高于京杭大运河及古黄河，使其免受洪涝之灾，明清时期逐渐成为京杭大运河的水马驿站。八堡村地处苏北，是南北文化形态融合之地。受运河沿线商贸文化、驿站文化影响，建筑形态已受到北方民居形式的影响，体现了南北过渡，形成院落式民居，四合院布局灵活。

时代景墙紧邻方塘沟，位于村落中部，徐闸路与二路交会的位置上。地块东侧被村民种植的玉米包裹着，隔着土路还有一洼水塘，水塘景观条件较为优美，其余三侧为道路及村民住宅，缺少景观特色营造。现状地块闲置、形状方正、地势平坦，后期景观可塑性大，但部分区域土壤裸露，道路两侧电线杆混乱，对环境造成不利影响。

村落承载了丰富的驿站文化、商贸文化、南北文化及乡土文化，如何体现八堡村的历史脉络及历史文化、组织景观叙事、提升景观环境是我们重点解决的问题。时代景墙醒目的位置具备了打造文化展示空间的现实条件，而其周边丰沛的水源则可用于改善人居环境。综合以上考虑，我们希望打造一个展示空间作为文化载体，展示驿站文化及商贸文化、传承南北文化及乡土文化，并对时代景墙及其周边环境进行综合整治，打造雨水花园，改善景观环境；设计开放空间，提供活动场地。

文化展示：通过文化符号的张贴、建筑材质的演变，展示八堡村的历史脉络及历史文化。以张挂文化海报的方式展现村庄特色和驿站、商贸文化。将建筑材质以景观墙的方式在村庄闲置公共区域构建村民活动广场，通过建筑材质的演变，追溯村庄建设发展的历程，为村民营造文化展示空间。

文化叙事：通过梳理文化脉络、游览次序组织文化叙事。挖掘村庄建设发展的历程，将驿站、商贸文化移植到现有的空间中，借用空间的组织设计构建新的叙事。

文化空间：通过打造雨水花园，运用设计手法提升文化空间。因地制宜设计微地形，打造雨季形成水景、旱季组织活动的多功能下沉空间。同时，通过转折、对景、借景等手法将塘景观引入时代景墙，提升景观效果、丰富文化空间。

▲ 图4-4　时代景墙效果图

▲ 图4-5　时代景墙建成效果图

（2）建筑空间——三岔村“红色学堂”

三岔村前临故道黄河，后依京杭运河，形成典型的两河流域三岔处，因两河水域冲积，逐渐形成高地，从而形成了三岔村独具特色的地形地貌。村落两河的原生态景观以及三岔古码头等自然人文资源较多，具有良好的发展乡村旅游潜力。村内曾发生过三岔口战役，在1942年5月的一天，新四军得知日军强征民船，向淮阴装运粮食和物资，新四军在三岔口设下埋伏，给敌军以出其不意的打击，歼灭了敌人100余人，俘获了两名日军以及日伪军，缴获了部分弹药。

观景平台位于三岔村东北侧的十字路口处的坡地上，坡下设有公交车站，向东不远处则是三岔口战役渡口。场地东临大面积农田，南北接绿化带，西侧为现状民居。现状有较大的高差，景观视野开阔，可赏农田景观或远观三岔口战役点。但现状民居体量较大、风貌不佳，视线廊道被电线杆遮挡，道路坡度较陡、坡地缺少固土措施，存在安全隐患。

现状较高的地势和开阔的视线，适合观赏近处壮阔的农田景观和眺望远处战争响起过的三岔口战役渡口，而浓厚的农耕文化及红色文化恰好丰富了项目的文化内涵，具备打造观景平台的现实条件。因此将村庄现代农耕文化与红色历史文化相结合，利用村庄独特的地势，建设红色学堂，眺望辽阔的大地景观，体会红色文化；配套公共空间，提供休闲娱乐的场所，感受绿意盎然的同时更具实用性。

在设计手法上，尊重现状地形，最大限度地利用场地高差，使公共空间、红色学堂与周围风景互为观赏点，形成趣味空间。设置不同功能空间、自行车停靠站，配套服务设施，使公共空间具备红色文化展示及休闲娱乐功能，使红色学堂兼具红色文化教育以及大地景观瞭望的功能。

在文化传承上，讲红色故事，设计将三岔口战役的革命事件以景墙的方式重新向人们讲

◀ 图4-6　红色学堂效果图

◀ 图4-7　红色学堂初步建成效果图

述。体现教育意义，设计将爱国主义及农耕文化融入其中，让人们在游览公共空间、参观红色学堂的同时，能学习和体会其中的精神文化内涵。

在建筑材料上，红砖红瓦是解放初期苏北民居的重要记忆点，也是红色文化的形象体现；毛石没有人工刻意地雕琢，生来就是自然的模样；青砖给人以素雅、沉稳、古朴、宁静的美感，承载了历史的厚重。因此我们在设计上延续使用红砖作为建筑材料，铺地运用青砖，挡墙采用毛石，传承精粹、体现自然。

（3）生态空间——灯笼湖村“野鸭塘”

灯笼湖村堆上组处于洪泽湖上游，有约12400平方米面积的湿地。该村不仅是500人的聚居地，也是国家级畜禽遗传资源保护品种高邮鸭的栖息地，为江苏省第一批特色田园乡村。村落生态条件优越，整体环境品质突出，西邻黄码河，北枕古黄河，面临龙窝塘，形成了湖、田、堤、林一体的特色景致，特别是村落处于古黄河转弯处，景色气势壮阔，独具特色。

野鸭塘位于灯笼湖村堆上组建成区靠中间的位置，紧邻古黄河。旁边零星的几块田地被当地村民用葡萄架、铁丝网乱乱地圈着，绕着池塘有一圈土路供人行走，当地人称为绕塘路，绕塘路边生长着郁郁葱葱的意杨林和天然竹林，即便是灼日夏天走在路上也是凉丝丝的，很舒服。但是这里平时基本没人来，可能是因为周边环境杂乱，没有歇脚的地方。虽没人，但常年有野生高邮鸭在此栖息，故称野鸭塘。

通过调研走访，发现灯笼湖村堆上组缺少“在地”的场地，且当地村民普遍反映村庄缺少乘凉聊天的地方。我们深感这样一个地理位置好、生态资源佳的小水塘被村民遗忘有些可惜，因此我们在设计中利用闲置的小水塘，通过“轻介入、微改善”的方式，打造一条丰富多变、承载地域文化的游园线路；打造一个动物友好、提供乡村友邻纳凉的生态空间；提供一个情景交融的“在地”郊野体验。

设计依托优质自然生态资源，将植入的项目与周边的竹林、湿地相融合，形成步移景异，富有艺术性、趣味性，凸显景观特色的生态景观。在生态保护方面，不砍树、不填湖，利用旧物打造手作步道，探索低影响生态栈道，降低对周边生态的负面影响；提供动物友好设施，留足动物通道，保护生物多样性。在游线塑造方面，通过平面与竖向的结合、点与线

▲ 图4-8　野鸭塘效果图

▲ 图4-9　野鸭塘建成效果图

的连接、本土元素的融入，使游园线路丰富多变，营造出一个充满惊喜和发现、让人放慢脚步的游园。在空间打造方面，设计多个小而精致的平台空间，根据现状条件，功能包括亲水、观景、休憩等，通过不同的秩序组合串联，使空间在心理变化、需求之间相互联系，与生活体验、自然追求之间相互渗透。

4.1.3 省级与县域统筹下的政策支持

1. 资金保障

2017年9月15日，江苏省财政厅印发《江苏省省级财政支持特色田园乡村建设试点政策意见》（苏财办〔2017〕42号），引导各地建立多渠道投入机制，鼓励金融和社会资本规范、有序、适度参与特色田园乡村建设。采取整合资金集中支持、统筹安排切块支持、突出重点倾斜支持三种方式聚焦试点，省级财政安排专项资金予以奖补。

2. 用地保障

2017年11月，江苏省国土资源厅出台《关于支持特色田园乡村建设试点工作的意见》，围绕土地规划引领、土地综合整治、盘活存量土地资源、推进试点地区不动产登记等方面细化了一系列政策措施，探索旅游用地点状化供地、宅基地自愿有偿退出、低效用地再开发等一系列举措，保障特色田园乡村发展合理用地需求，在村域空间内统筹安排农村生产、生活、生态空间。

3. 技术支持

江苏省住房和城乡建设厅始终重视对试点村庄的技术指导，工作伊始便组织专业力量迅速编印了《特色田园乡村设计师手册》（2017年6月）、《乡村营建案例手册》（2017年6月）、《江苏地域传统建筑元素资料手册》（2017年6月）、《特色田园乡村建设试点工作解读》（2017年6月）、《江苏省特色田园乡村规划建设指南（第一版）》（2017年11月）等文件，指导地方开展工作。为深入贯彻党的二十大精神，落实《江苏省乡村振兴促进条例》，扎实推动特色田园乡村高质量发展，江苏省农村住房条件改善和特色田园乡村建设工作联席会议办公室、江苏省住房和城乡建设厅印发了《江苏省特色田园乡村示范区建设指南（2022年版）》，旨在指导各地更加科学、有序地开展特色田园乡村示范区建设，充分发挥特色田园乡村区域集成综合效应，进一步推动城乡融合发展，统筹乡村基础设施和公共服务布局，实现乡村资源要素配置集约化、高效化、合理化。

4. 命名奖励

江苏省田园办《关于印发〈江苏省特色田园乡村评价命名标准〉〈江苏省特色田园乡村创建工作方案〉的通知》（苏田园联发〔2020〕2号）紧扣特色田园乡村建设内涵，创新工作机制，设置加分项和一票否决项，强化了负面清单管理。按照“县级初验推荐、市级复验、省级验收”的程序，在各地推荐的基础上，江苏省田园办联合省相关部门经现场踏勘、查阅台账、座谈交流、村民访谈等程序，认真组织省级验收，确保验收命名的试点村庄更好地发挥典型示范作用。

4.2 北京市“百师进百村”乡村振兴特色营造

4.2.1 “百师进百村”统筹推进机制探索

1. 活动背景

“百师进百村”活动是北京市贯彻习近平总书记对浙江“千村示范、万村整治”重要批示精神和实施乡村振兴战略的重要抓手，对全市在“十四五”期间全面推进乡村振兴，将起到重要的实践探索作用。2019年，中共北京市委、北京市人民政府印发《关于落实农业农村优先发展扎实推进乡村振兴战略实施的工作方案》的通知，明确要求“实施‘百村示范、千村整治’工程专项行动，学习浙江‘千村示范、万村整治’工程经验，聚力打造‘百村示范’，培育一批体现产业兴旺、生态宜居、乡风文明、治理有效、生活富裕总要求，具有北京特色的乡村振兴示范村”。2021年，中共北京市委、北京市人民政府印发《关于全面推进乡村振兴加快农业农村现代化的实施方案》的通知，进一步提出“建设有北京特色风貌的美丽乡村。深入推进‘百村示范、千村整治’工程，培育一批乡村全面振兴样板村”，逐步补齐农村基础设施和公共服务短板，进一步挖掘和提升美丽乡村价值。

“百师进百村”活动是落实北京市新发展要求，推动美丽乡村工作由“补短板，保民生”向“促提升，显特色”有效衔接的重大举措。北京市美丽乡村规划大部分已经编制完成并通过审批，全市美丽乡村建设已取得积极成效，基础设施补短板任务和农村人居环境整治工作稳步完善，农村卫生厕所逐步得到普及，生活垃圾有效处理，农村地区生活污水基本得到有效治理。但全市美丽乡村在建设实施过程中依然普遍存在乡村一、二、三产业融合发展，农民持续增收动能需要进一步提升；村庄基础设施运行维护机制不完善，乡村建设规范和标准还不够健全；农村公共服务设施和能力与城镇存在差距；乡村流域生态治理、村庄景观提升、公园绿地均布还需进一步提升；乡村振兴人才支撑有待加强等现实问题。在实施过程中，急需通过“规划师、产业师、工程师”等外部智囊下沉乡村，推动美丽乡村建设和“百千工程”高质量实施的进一步提质升级。

2. 活动目标

“百师进百村”活动是以实现乡村振兴“五个振兴”为目标，把具备一定基础条件、谋求发展意愿强烈的“乡村振兴示范村”作为“百村”；通过社会公开招募，选取一批具有较强的社会责任心、创新精神、专业背景和工作经验，愿意扎根基层，热心服务乡村建设的策划师、工程师、规划师或团队作为“百师”。经过“百师”与“百村”双向选择、自愿结对，充分利用“百师”优势和资源，“一对一”为“百村”发展把关定向，从村庄产业发展、村庄生态修复、基础设施完善、乡村治理等相关方面研判村庄发展需求与痛点难点问题，专项制定乡村振兴特色营造策划方案，助力村庄持续发展，促进首都乡村“五大振兴”战略顺利推进，探索具有首都特色、规划设计服务乡村振兴的新模式，逐步培育形成一批突出首善标准、代表首都水平、展现首都特色的乡村振兴样板。

3. 组织机构及职责

在市委农村工作领导小组的领导下，成立由市农业农村局、市规划自然委、市财政局组成的市级协调联络小组，共同推进“百师进百村”活动，负责活动的总体统筹协调、健全推进机制、集成政策资金、聚合各方力量、解决重大问题、督导活动落实。领导小组具体负责研究制定活动实施工作方案，出台活动管理办法，整理审核“百师”与“百村”需求信息，组织相关人员进行培训与成果交流，做好活动总体协调等工作。同时，在各区政府指导下，各区百师团队坚持从实际出发，依据村庄规划布局，研究制定乡村振兴特色营造策划方案；积极宣传贯彻新发展理念，并对推进方案落地实施提供技术指导和服务。

4. 考核评估

按照《北京市“百师进百村”活动目标管理办法》相关要求，对“百师”团队、策划方案和项目实施成果进行考核，并根据考核情况，对综合评分较高的“百师”团队给予一定的资金补助。对部分优秀策划方案的实施，给予政策支持。

4.2.2　门头沟区雁翅镇田庄村实践探索

1. 田庄村基本情况

田庄村位于北京市门头沟区雁翅镇西部深山区，四面环山，呈东西狭长走势。村庄距离区政府驻地45千米，距离109国道芹峪口8千米。村域面积19.2平方公里，耕地面积1260亩。全村户籍人口548户856人，其中常住户籍人口310户558人。2021年村集体收入达到260万元，村民增收23%，人均可支配收入达到19200元。

田庄村是京西第一个党支部的诞生地，先后被评为全国红色美丽村庄试点村、国家森林乡村、中国美丽休闲乡村、北京市市级爱国主义教育基地以及门头沟区“两山”理论实践样板等荣誉称号。近年来，田庄村在村两委、驻村第一书记、村民以及多方社会力量的共同参与下，积极引导村民共同参与村庄发展谋划、建设维护和日常管理，持续提升村庄人居环境和红色文化品牌，逐步确立了“生态立村、文化兴村、旅游富村”的发展思路，推动田庄村逐渐从一个深山小村发展成为集红色教育、生态观光、休闲体验于一体的特色美丽乡村。

2. 村庄特点与优势

一是党建红色文化突出。村庄承载着以崔显芳烈士为代表的敢为天下先的英雄故事，在平西地区建党史上开辟了“三个第一”：诞生京西第一位中共党员，成立了京西山区中共第一个党支部，建立了中共第一个县级委员会（宛平县临时县委）。田庄村现拥有京西山区中共第一党支部纪念馆、崔显芳烈士纪念馆、田庄高小党支部旧址、崔显芳故居、雁翅革命烈

▲ 图4-10　田庄村党建红色文化资源

▲ 图4-11　田庄村农产品资源

▲ 图4-12　田庄村文化旅游资源

士纪念碑、田庄红色文化街、田庄红色剧院、京西红色党性教育基地等多个党建文化教育资源。2018年11月被北京市委宣传部评为市级爱国主义教育基地。目前，京西第一党支部这一党建名片已具有较大影响力，并逐步发展成为各企事业单位基层党支部开展主题教育、纪念参观、党建培训等活动的首选地。

二是农业产业基础良好。田庄村以发展经济林为主，特产有核桃、香椿等传统农作物，其中红头香椿为本地特色农产品，至今已有300余年的历史，种植基地规模达1600亩，2004年田庄村香椿园被确定为北京市农业标准化示范基地，广受市场好评。

三是文旅发展潜力较大。2017年，田庄村为了保护生态，发展绿色经济，引进种植了玫瑰花260亩，致力于打造集“观光、采摘、休闲体验”于一体的精品种植产业——星火玫瑰谷。如今星火玫瑰谷已经逐步成为北京市民比较喜爱的徒步旅游路线，每年6月，玫瑰谷都会迎来络绎不绝的游客。在建党百年之际，田庄村在玫瑰谷里还修建了一条百米红色长廊，到此观光的游客，在欣赏美景的同时，还可以学习到党的历史。

3. 村庄现实需求与不足

村庄希望依托自身丰富的绿色资源和红色历史文化，全面建设红色旅游项目，整合红色产品形成产业链，使红色旅游业成为本村新的支柱产业。村庄希望盘活一些存量的村集体用地资源，进一步推动村庄更新改造，提升村庄的文化景观品质，如重点建设“雁翅优选”农产品展销中心（镇重点项目，近期占地200平方米，远期600多平方米）、红色文化一条街（长度约600米）等。

从目前发展现状来看，“薪火田庄”党建文化品牌力尚未形成，文化体验层次较为单一。目前田庄村旅游发展以团体为主、复游率低且体验的内容单一，难以实现持续发展，整体文化品牌的社会认知度和影响力尚未形成。同时，村庄空间缺乏文化标识性，文化和公共服务类设施供给存在短板。目前村庄内部空间场所缺少主题文化特色，并且主要的文化资源点较为分散，缺乏整体空间串联，整体的公共空间和设施体系有待进一步补充完善，特别是在文化类的公共服务设施供给上还存在明显短板。

▲ 图4-13　“单点旅游，团体为主”的现状

▲ 图4-14　拓宽旅游空间，打造“一核两带”

▲ 图4-15　交通节点需要加强红色文化表达

▲ 图4-16　公共空间节点需要加强空间设计

4. 田庄村“百师进百村”乡村营造总体思路

团队总体采取小切口介入、系统性谋划的方式开展工作。通过20余次的高频调研，不断加深相互之间的了解。之后，进行初次的实践尝试，把工作重点聚焦于村庄顶层发展方向的设计，但收效并不明显，团队及时调整工作思路，由宏观谋划转为小切口介入。田庄冰瀑小切口合作的成功，使团队探寻到了合适的工作模式，并顺利进入了系统谋划阶段。团队在乡村营造过程中重点结合国家乡村振兴二十字方针，希望通过串联文化、产业、空间、产品等多个方面，建立一个“外延党建文化—文化赋能产业—产业带动空间—空间衍生文化”综合发展生态闭环，推动“薪火田庄”品牌的升级打造。

一是外延党建文化。基于田庄村深厚的党建红色文化底蕴和多元历史故事，建立系统的具有田庄村特色的“党建文化内涵”，明确“薪火田庄”文化品牌的支撑体系，并拓展文化功能圈层，让“党建文化”走到户外，与山地自然相结合，由传统的室内纪念展览、教育培训向户外主题拓展、定向越野、文化徒步等方向延伸，增加田庄村的文化标识性与体验性。

二是文化赋能产业。将“薪火田庄”这一党建红色文化与村庄的传统农业和旅游产业深度融合，以文化为突破口，完善文旅产业链条，积极培育富有村庄文化主题特色的文旅产业项目（如南山亲子休闲定向越野、山地拓展、北山重走英雄路等），着力发展红色旅游业，带动村庄转型发展。

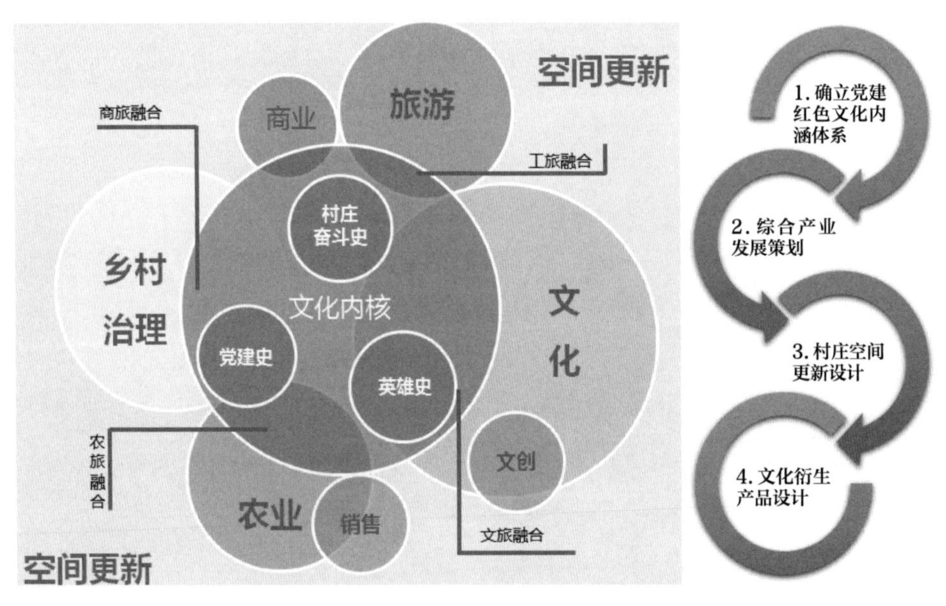

▲ 图4-17　田庄村文化分析图

三是产业带动空间。结合村庄的现实诉求与发展需要，策划塑造具有红色文化基因的田庄村特色空间与景观（如南山沟谷的综合策划提升、“雁翅优选”以及文化一条街等具体空间更新项目），并将现状零散的资源点有序串联，完善村庄文化和公共服务类公共空间体系，把党建红色文化具体落实到村庄空间中。

四是空间衍生文化。通过更新后的新空间，逐渐孵化衍生新的文化产品，例如旅游地图、打卡图章、盲盒、主题纪念品等，通过这些新的产品，丰富人们感知村庄党建红色文化内核的途径与层次，进一步强化“薪火田庄”文化品牌的塑造。

5. 田庄村乡村营造实践探索

乡村营造是一项系统工程，仅通过单个空间、建筑的改造难以带动整个村庄的发展，需要根据村庄空间资源、文旅产业、乡村治理等现实情况制定党建红色文化功能圈层的延伸路径，从文化、产业、空间、文创、组织、宣传等不同维度，全方位地构建“薪火田庄”文化品牌。基于实际需求和现状短板，按照“无策划不规划、无规划不建设、无建设不投资”的模式，从以下六个方面推进具体工作。

（1）讲好一段“薪火故事”——构建“薪火田庄”文化内涵体系

通过深入挖掘英雄史、党史、村史，形成三大主题、十个故事系列，构筑“薪火田庄”精神内涵体系。将故事赋能到产业、空间、产品、活动当中，让这些故事通过载体活起来。将“西山深处革命薪火播种人”崔显芳的故事及其对社会教育身体力行、对家庭教育言传身教的精神彰显在田庄村重要地段，标记崔显芳确立的永远跟党走的家训，铭记崔显芳及其后人和田庄村村民们对革命的贡献，发扬田庄村生生不息的革命意志。

（2）传承孕育“薪火业态”——培育特色乡村产业项目体系

总体策划了四大核心项目，包括农业优化项目、红色文化提升项目、北山生态打造项目和南山户外党建拓展项目，共计40余个子项目，合计投资3000多万元，预计带动就业130多人，全面促进文化、产业、空间与品牌的综合提升。以红色教育研学为主线，依托三大主题、十大故事，形成延伸链条、拓展文旅、文化赋能的产业策划思路，提出两个延伸，使产业项目体系独具田庄特色。即，通过设计农品包装、党建产品，植入红色元素符号，延伸创意端产业链；通过打造农品加工品及拓展体验基地，建设“雁翅优选”、农夫集市平台，应用情景式体验与互动式参与模式，延伸拓展、销售端产业链。

重点项目一：农品优化提升。田庄村生态环境优越，拥有红头香椿、蜂蜜、小米等优质特色农品，但因附加值较低，缺少销售渠道和方法，形成了资源不贫却发展受困的局面。为提高农品附加值、提升品牌知名度、拓宽销售渠道，建议成立香椿专业合作社、优化农品深

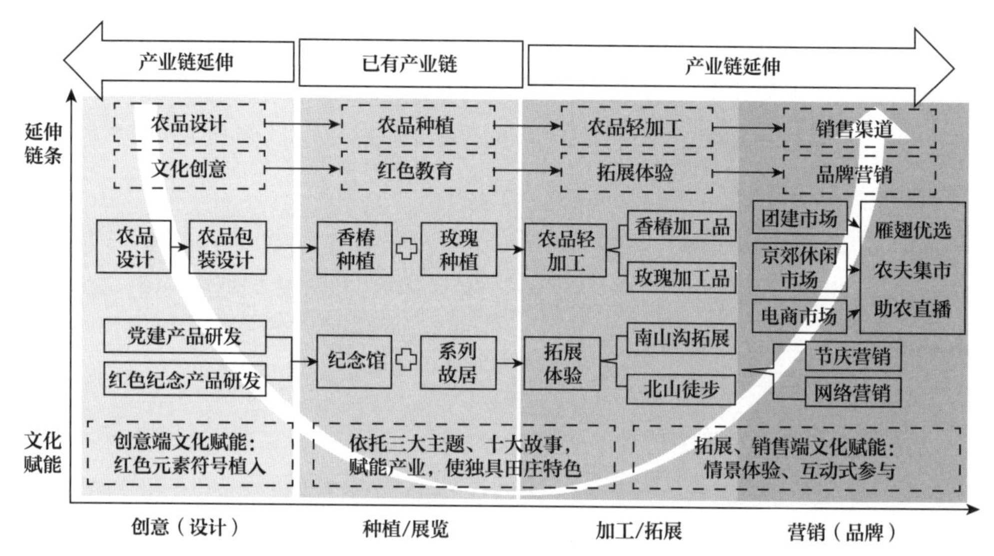

▲ 图4-18　田庄村产业分析图

加工、建设保鲜库，提升品质，开发香椿酱、香椿调味汁、调味粉等新品，提升附加值。建议优化香椿、蜂蜜、小米等农品包装设计，创建品牌，树立特色农品形象，提升农品市场价值。建议打造“雁翅优选”、电商驿站、直播仓等展销平台，在线上做营销，在线下举办展销推荐会，与企事业单位签订直供合同，拓宽农品销售渠道。

重点项目二：南山红色冰雪节策划与实施。针对村委书记提出的希望用南山自然资源、塑造冰瀑景观、发展冬季旅游的想法，百师团队为村庄编制了一份田庄村第一届冬季嘉年华活动策划和景观提升方案，重点将党建红色文化与山地特色活动相结合，打造春季踏青观光、夏秋野外拓展、冬季冰雪运动的全季主题文化体验活动，延伸村庄文化旅游层次。在实施过程中，“百师”团队积极创新乡村治理模式，运用“共同缔造”理念，建立以党建为引领的“共谋、共建、共享、共治、共评”的“五共”机制，发挥村两委组织优势，以党员示范带动群众一起清理杂草、铺设步道、布置造型，村里自己能解决的问题基本不找外边的施工队。10月左右就完成场地收拾，进行浇冰，节省了施工成本。活动在2022年北京冬奥会举办期间成功举办，在社会反响和实际收益方面都取得了很好的效果，实现了村委投资2万多元，收益10万元的经济收益。此项目是“百师”与“百村”在互动合作中的成功实践。第一届冰雪嘉年华主题活动，得到央视新闻频道《新闻调查》——《田庄村10年》专题采访。同时期，北京日报、北京旅游、北京市门头沟区融媒体中心、京西时报等多个媒体平台客户端都发布了相关报道。同时，也利用抖音等自媒体平台，进一步扩大了宣传推广力度。这次成功的实践为田庄村下一步红色旅游产业转型升级树立了信心，坚定了方向。

重点项目三：北山英雄谷打造。北山沟原名叫港沟，因村里的7个民兵在沟内俘虏了38个国民党兵，所以也叫英雄谷。谷内生态环境优越、景观秀丽，已建成星火玫瑰谷和5千米越野步道，形成了一定的生态旅游影响力。目前，英雄谷正在建设环形防火道，因此，我们建议依托防火道建设打通北山环路，串联已有的节点并开发新节点，“组团化”打造集红色文化体验、红色宣传教育、山野徒步、农业休闲、露营体验、山地运动、党员活动等功能于一体的山地徒步道。

◀图4-19　田庄村冰瀑（田靓 供图）

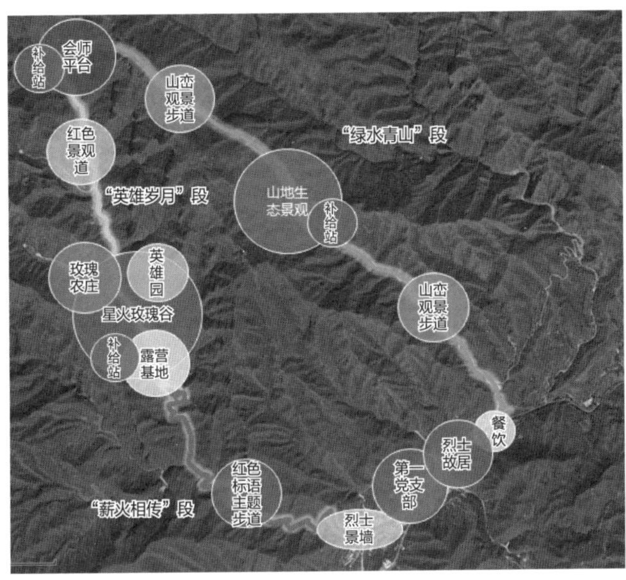

▲图4-20　北山英雄谷项目体系图

▲ 图4-21　户外党建拓展效果图

重点项目四：南山沟党建拓展延伸。南山沟紧邻京西第一党支部，拥有带状林地、水库等自然资源，目前水库周边已建成环形山路、索桥、景观亭等景观设施，基础建设较好，但淡旺季明显，冬季资源闲置、创收效益低。项目组依托现状大片林下空间、水库景观、闲置建筑，塑造南山沟户外党建拓展休闲带，形成“两地一园”，即户外党建基地、南山村红色根据地、红色游憩公园。依托现状水域开展水上拓展，情景化地体验红军三渡赤水的艰辛。

党建拓展片区，目前田庄村党建活动均为成年人配套，针对亲子家庭的山野休闲娱乐项目仍是空白，而参与党建活动的家属有较大的需求，打造亲子休闲党建活动成为现实需要。因此，项目组从整套活动的策划、景观设计、功能配套出发，打造一条适宜亲子参与的短程定向越野，设计一套完整的活动策划，配套一处全龄服务中心。短程定向越野，依托现状环境，选择难度较低的路线，让游客体验长征艰辛的同时可以轻松完成比赛；注重安全防护及指示路标；保障沿途景观优美。活动策划，包括旅游地图、任务书、图章、纪念品及活动流程等，从始发地进行购票，领取旅游地图及任务书，沿途设置营地、打卡点，到达综合广场区进行礼品兑换、餐饮、举办颁奖典礼。全龄服务中心，现状为一片林地，越野道和索桥围绕水库及山林形成环道，已具备建设基础，项目组从生态的角度创建林上林下两套建设方案，林上休闲、林下娱乐，降低对生态的影响，高效利用土地。林上空间创新地应用模块化

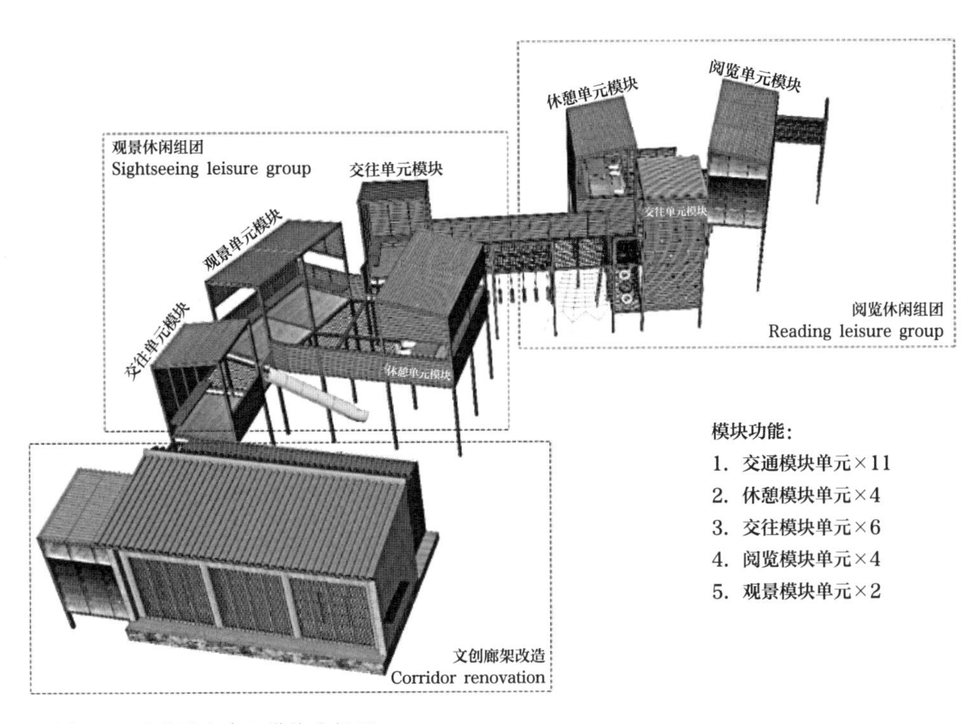

▲ 图4-22　全龄服务中心模块分析图

▲ 图4-23　全龄服务中心鸟瞰效果图

的景观产品，不同功能模块通过组合形成阅览休闲组团、观景休闲组团。林下空间既可为儿童提供娱乐场地，也可发展林下经济，种植瓜果。林上林下通过不同娱乐设施相互联通，为全龄儿童提供娱乐场地。

（3）塑造特色“薪火空间”——营造精细多元的乡村公共空间

从生产、生态、生活三类空间提升，推进村庄空间有机更新，盘活村庄闲置用地，加强党建红色文化与村庄空间的结合，突出地缘文化，着重补充村庄文化服务和旅游配套等功能。重点开展“雁翅优选”建筑设计、红色文化一条街综合提升、民居风貌提升等具体

▲ 图4-24　全龄服务中心人视效果图

内容。

第一，推动“雁翅优选”平台设计，目前镇村拟建设投资150万元，以打造镇域农产品销售核为主旨，以补充设施供给、提升产业经济带动力为目的，打造雁翅镇“小而精，优而美”的产业振兴综合平台。百师团队对“雁翅优选”农产品展销中心提出具体建筑设计方案，方案采用“复合化、本土化”的设计策略，一方面在功能使用上，充分补偿农产品展销、旅游服务、文化活动等复合功能需要，并且为了便于使用，还考虑了空间功能的置换弹性；另一方面，方案追求与周边环境和地域文化的融合，采用本土化的设计手法，加强了在建筑材质、空间尺度等方面的控制。

“雁翅优选”紧邻村庄主入口，是红色中心街的中心点，用地为村民独立住宅用地，原为田庄村信用社，目前闲置。项目组根据需求打造“小而精，优而美”的品牌，满足居民的生活需求，补足旅游业态短板。精细化设计上，拆除质量较差单体，延展使用空间，扩大文化标识性；融合山体叠落地形，营造公共开放场所，构建立体三维式流动空间；设计开敞型多功能区域，在有限区域内最优化农产品展销、文创零售、商务洽谈、红雁书廊、简食餐饮等功能布局；设计步行梯连接周边环境，以庭园提供休闲空间，整体选用乡土材料，满足不同人群需求。

第二，打造“红色党建一条街”，为改善村庄面貌，提升生活品质，打造和谐宜居的街

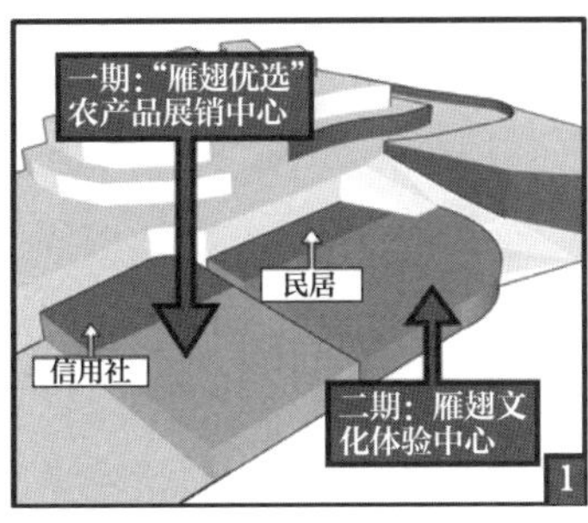

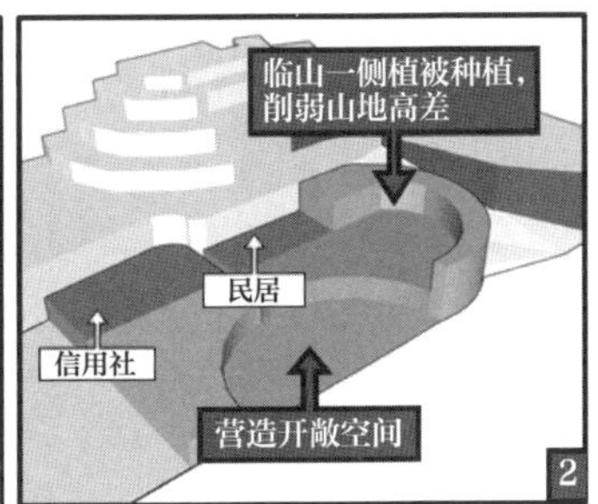

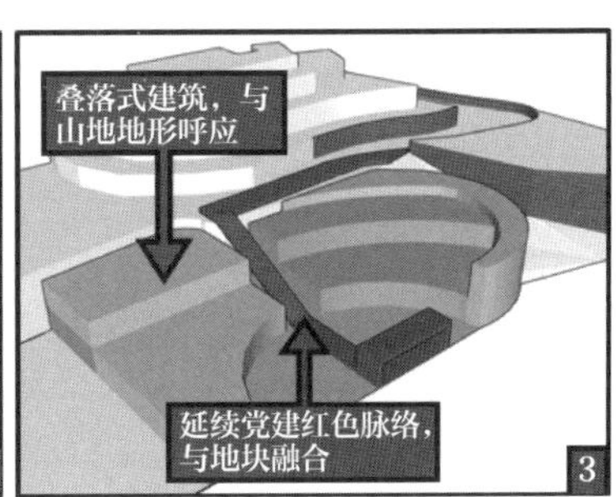

▲ 图4-25 "雁翅优选"分析图

▲ 图4-26 "雁翅优选"设计效果图

巷环境精细化设计田庄村街巷空间。民居大部分沿村庄内部小巷分布，主街的改造不足以改善村民的居住环境，应向村庄内部延伸。因此，我们根据场地现状条件及场地承载活动类型的不同对中心街以及紧邻中心街的背街小巷进行详细设计。

中心街已有整治基础，应对街道功能及绿化进行提质升级。一是红色文化展示，依托广场举办红色文化活动，通过红色主题雕塑展示以及民俗文化表演，组织游客参与红色活动，打造以观展、休憩、休闲服务为主的街道。街道绿化采用乔木列植或乔灌混植的方式，结合沿路挡墙进行多样化配置，形成有韵律、有特色的行列式种植。二是强化入口设计并协调人车冲突，设计具有田庄村特色的入口标识。人车分流，设计休闲漫步道，为健步走提供场地。利用中心街树立田庄村名片，融入红色故事。三是全面提升景观风貌，一体化设计并提升绿带景观，设计烈士景墙、党史墙，增强红色主题景观连续性。优化绿化景观效果，增强景观连续性。打造低照度夜景照明设计，提升街巷氛围感。四是整合资源配套村庄设施，利用园地设计公园，为村民及游客提供休闲区域，优化路人慢行体验，增强连续性、舒适性与

▲ 图4-27　红色党建一条街效果图

体验性。设计京西党建文化公园，提供休闲场地。

背街小巷作为街道的重要组成部分，需要同时进行考虑。一是作为红色党建一条街的延续。将小巷环境向村庄内部延伸，精细化提升临近中心街的小巷，注重村内街巷空间的提质升级，改善村内小巷路面破损、安全隐患、空间杂乱等短板问题。二是注重红色文化的植入与提升，在挡墙、铺地等细节上增加红色文化，使挡墙及铺地颜色、材料、装饰与田庄村房屋建筑相协调。三是顺应山地村庄肌理和铺设方式。街巷空间应保留乡土气息，对已破坏的街巷格局可适度恢复，通过转折、对景、借景等手法丰富街巷空间，并宜采用适当的绿化形式和小品，美化街巷环境。在铺装材料上，根据地区的资源特点，优先考虑旧砖废瓦等老旧材料，可采用透水砖和石材铺装。在街巷绿化上，以小乔木或是灌木为主，配植花卉、灌木，或以灌木种植为主，搭配散种的小乔木、花卉，还可考虑利用农作物，增添乡土气息。在挡墙设计上，可结合农村地区精神文明建设打造文化墙，展现村庄特色和乡土文化。

第三，开展田庄村“民居建筑选型”。项目组改造村内两处民居，为田庄村提供民居改造示范，适用于更新或重建自家院落，兼顾传统风貌及现代生活需求，提高自身居住品质，可兼顾经营民俗接待产业。以京西典型民居作为原型设计，采用三合院院落布局，院落内布

改造前

改造后

改造前

改造后

▲ 图4-28　背街小巷改造前后对比图

置庭园景观。立面设计以当地传统民居的风貌沿袭为原则，结合新型建筑材料及工艺进行改良优化，实现村庄旧貌换新，营造良好环境氛围。

（4）探索设计“薪火文创”——研发系列乡村文创产品

在文创方面，“百师”团队设计形成门头沟区首张乡村文旅地图，助力打造系列文创衍生产品，探索文化品牌更接地气的推广路径。目前薪火田庄的文创已经初显成效，形成了地图、包、鞋帽、水杯、手提袋等文创系列。手绘地图的绘制融入了红色资源、红色故事等元素符号。此外，还以手绘地图为原型设计了一组产品，包括：鼠标垫、笔记本、帆布包，等等。它们一方面展示了田庄村的地理位置及资源现状，另一方面又增加了趣味性。根据反馈，帽子和胸针等受到市场欢迎，文创的毛收入达到了5万元左右。

◀图4-29　民居建筑选型效果图

▲图4-30　文创产品效果图

4.3 全域统筹下的乡村振兴机制探讨

4.3.1 北京市

1. 建立农村发展新路径，探索乡村治理新方式

“百师进百村”活动是促进乡村振兴和农村发展的新模式，通过“百师”与“百村”的对接，每年策划一些农村可以建设的项目，在政府的支持和推动下实施落地。这种模式改变以往农村平均分配的投资建设方式，一是打消农村“靠等”政府投资的观念，二是避免社会资本下乡乱象。通过此项活动，建立“无策划不规划、无规划不建设、无建设不投资”的农村发展新路径，成为农村社会治理的新方式。

“百师进百村”活动是充分动员各方力量推进设计下乡的新模式，通过“百师”与“百村”双向选择，激发高校教师、社会团体及个人的能动性，增强“百师”与“百村”的黏性。这种模式在组织管理上取得了较大的突破，一是组织机构及职责分工清晰，建立市相关部门总体统筹、区政府支持、区农业农村局协调、乡镇组织与实施（审核、监督）、百村与百师对接、服务商负责本标段内百师管理的职责分工体系。二是实施与管理流程完善，一对一及双向互选的方式促进了“百师”与“百村”紧密联系；服务商的统筹组织使该活动进展有序且高质量完成。三是考核评估形成闭环，对各个流程制定了标准规范，包括需求统计表、合作协议书、成果模板、评审标准、实施效果评估标准、资金使用规则等多种形式，保障活动顺利进行。

2. 坚持“以农为本”的设计

在市委农村工作领导小组及各区政府指导下，各区百师团队、责任规划师坚持从实际出发，结合规划编制实施重点任务，“以农为本”聚焦基础设施建设、特色风貌保护、生活环境改善的设计之路，从专业技术运用、历史要素展现、形象品质提升等细节之处积极推动设计下乡工作。制定完成一批有重点、差异化的乡村振兴特色营造策划方案指导示范建设。融入当地文化，增加当地百姓的文化自信；延长产业链条，差异化发展；塑造一批在地景观空间。同时，“百师”利用

自身优势和资源，通过电视节目、微信、抖音、小红书、微博宣传“百村”，助力“百村”特色发展及示范村创建。

3. 新模式下的初步探索与展望

经过两年多的实践探索，“百师进百村”活动仍存在以下问题：一是林地、园地的保护利用上还有局限性，低效用地、闲置地的盘活利用上未形成有效对策；二是缺少对“百村”的技术规范及指导，配套资金短缺，镇、村级两级配套资金几乎为零；三是保障机制还不完善，在用地保障、资金配套、技术支撑、组织领导等方面存在短板弱项；四是合同期限为一年，多停留在策划规划层面，难以在合同期内建设落地。

针对以上问题进行优化，提出以下建议：一是开放林下经济活动，在不砍树、不破坏耕作层的基础上，有效地利用下层空间，从事低成本、低维护、低影响的活动；深挖潜力、统筹利用低效用地、闲置地，聚焦基础设施建设、特色风貌保护、生活环境改善。二是创办单位、政府及相关部门提供“百村”名声上的支持，编制相关技术手册提供技术支持，给予足够的配套资金支持。三是将运营前置，在用地保障、资金配套、技术支撑、组织领导等方面完善保障机制。四是持续实施乡村建设运动，支持“百师”与“百村”续约，科学制定服务长效机制，保障项目落地。

下一步，按照活动管理办法的要求，镇级政府将进一步压实村级与“百师”合作团队责任，对方案编制过程中可能遇到的问题、困难进行探讨，积极谋划，加以改进，以确保策划方案编制质量，确保活动扎实有序推进。北京市规划和自然资源委员会、北京市农业农村局将进一步加强对“百师”和“百村”的指导，充分发挥“百师”团队在实施乡村振兴战略、推动乡村高质量发展等方面的引领示范作用。

4.3.2 江苏省

1. 立足乡村的多元价值，联动推动内外兼修的综合发展

时任江苏省住房和城乡建设厅厅长周岚同志指出：“江苏特色田园乡村建设不等同于农村人居环境改善工作、传统村落保护工作，也不等同于美丽宜居村庄建设工作。”江苏已完成村庄环境整治行动和村庄环境改善提升行动，强调“现代建设和乡愁保护并行不悖”，旨在通过美好空间环境的整体塑造联动推动产业发展、文化复兴、生态改善和乡村社会治理能力提升。经过5年多的扎实推进和实践探索，特色田园乡村建设已成为引领乡村振兴最闪亮的名片，在社会主义新农村建设、乡愁记忆和农耕文明传承、“一村一品”和生态保护修复、

组织模式和保障机制上取得了显著的成效。

2. 发挥由点及面的区域带动作用

深入扎实推进试点村庄建设的同时，江苏省积极组织开展面上创建工作。截至目前，“江苏省特色田园乡村”已达593个。76个涉农县（市、区）中，省级特色田园乡村数量超过5个的有59个（占77.6%），超过10个的有17个（占22.3%）。建成了一批既有“内涵”又有“颜值”的特色田园乡村，彰显了新时代乡村的多元价值，得到了政府、学界、社会和群众的充分肯定。

3. 5年实践探索与展望

经过5年多的实践探索，仍存在以下问题：一是各地在“三块地”改革、空关房和闲置地处置、“一村一品”特色产业发展以及如何发挥乡贤作用等方面形成了初步思路，但是针对性强、操作性强的有效举措还不多。二是少数地区对特色田园乡村建设理解不到位，部分村庄的规划设计方案存在采用城市化手法、布景式设计、乡土性不足的问题；部分村庄新建项目尤其是旅游服务设施过多，存在过度建设倾向，试点建设投资规模普遍过大。三是各地提交的方案中规划部分相对完整，但设计部分内容深度不够，规划设计方案还需进一步优化深化。

针对以上问题进行优化，提出以下建议：一是要深化完善工作方案，形成关于产业发展、基本公共服务改善、“三块地”改革、农业经济合作组织培育、空心房盘活、新乡贤作用发挥、乡村工匠培育等的针对性务实举措。二是要优化完善规划设计方案，重视乡村特点和在地性的表达。在继承传统的同时，注重运用绿色、创新的技术方法反映时代进步和发展需要。要注重控制建设成本，强调通过精心设计创造而非采用昂贵材料来塑造乡村特色、提升乡村空间品质。

江苏省委、省政府印发的《关于深入推进美丽江苏建设的意见》明确提出“到2025年建成1000个特色田园乡村”的目标要求。下一步，江苏将持续推动全省农房和村庄现代化建设迈上新台阶，全面促进城乡融合发展取得新成效。

4.3.3 小结和启发

1. 设计引领：以高水平的设计为引领，助推乡村建设

江苏省住房和城乡建设厅始终重视对试点村庄的技术指导，工作伊始便组织专业力量迅速编印了多部技术文件，北京市目前缺少技术指导，应通过高水平编制村庄规划，实现空间、生态、基础设施、公共服务和产业规划有机融合。做好重要节点空间、公共空间、建筑和景观的详细设计，发挥乡村建设技能型人才作用，用好乡土建设材料，彰显田园乡村特色风貌。梳理提炼传统民居元素，借鉴传统乡村营建智慧，确保新建农房和建筑与村庄环境相适应，体现地域特色和时代特征。

2. 文化复兴：传承乡土文脉，建设特色乡村

保持富有传统意境的田园乡村景观格局，延续乡村和自然有机融合的空间关系，保护农业开敞空间、乡村传统肌理、空间形态和传统建筑。传承乡土文脉，保护非物质文化遗产和传统技艺，加强农耕文化、民间技艺、乡风民俗的挖掘、保护、传承和利用，培养乡村技能人才。大力推进现代公共文化体系建设，提高村民文化素质，丰富文化生活，繁荣乡村文化。

3. 生态改善：以物质空间的改善为先导，建设宜居乡村

实施山水林田湖生态保护和修复工程，构建生态廊道，保护、修复、提升乡村自然环境，促进“山水田林人居”和谐共生。开展农村环境综合整治，严格管控和治理农业面源污染，加快农业废弃物源头减量和资源化利用，实施农村河道疏浚、驳岸整治，加强村庄垃圾、污水等生活污染治理，着力营造优美和谐的田园景观。

4. 产业发展：以推动特色产业发展为主导，建设活力乡村

依托乡村资源特色，选择特色产业。乡村振兴的关键与基础是产业，乡村发展的物质基础与增加乡村就业的内生动力是产业振兴。所以，产业的培育与发展是特色田园乡村规划建设的重中之重。指导试点村庄依托自身的自然禀赋，按照“唯我特有、唯我特优、唯我特多”的发展思路，识别乡村特色资源，发掘乡土特色工艺，筛选特色产业，在特色产业基础上，延伸产业链、升级价值链、完善供应链，大力培育发展产业基础扎实、市场竞争力强、比较优势好的特色主导产业体系，并创响一批特色品牌。

引导产业融合发展，构建乡村新型产业体系。农业产业化的升级版和高级形态就是产业融合发展，苏州乡村三产融合发展，其产业边界更加模糊，拥有活跃的业态创新、紧密的利益联结程度、多样化的功能、丰富多彩的内涵、多元的经营主体。立足农业，以“生态+”和“互联网+”为手段，推动农村三产深度融合发展，构建“接二连三”的农业全产业链。重构新型农业产业体系，有利于农民分享三次产业“融合”中带来的红利，有利于推动农村经济多元化增长，形成乡村自我“造血”功能，有利于强化农业农村基础设施互联互通，促进乡村振兴发展。

5. 乡村社会治理：以乡村环境共建共享为载体，建设和谐乡村

积极探索新型农村集体经济有效实现形式，允许将财政项目资金量化到农村集体经济组织和成员，增强和壮大集体经济发展活力和实力，真正让农民分享集体经济发展和农村改革成果。加强新型职业农民创业载体建设，积极鼓励返乡农民工、村组干部、合作组织带头人、大学生村干部等群体自主创业，吸引高校毕业生、城镇企业主、农业科技人员等各类人才下乡返乡创业。完善村民自治机制，深化社会主义核心价值观宣传教育，积极化解各类社会矛盾纠纷，促进乡村社会全面进步。

Chapter 5

第5章

乡村特色营造实践建议

◀ 史家营乡

5.1 明确全域统筹乡村营造工作重点

省、市、县级的乡村振兴统筹工作是为全县乡村振兴工作提供全面系统、统筹引领的综合行动框架。通过行动框架的明确细化，全方位助力全域乡村振兴工作部署落实推进，加快宜居宜业宜游的和美乡村建设步伐。基于以上实践案例，总结乡村营造统筹工作的几大重点。

1. 明确全域战略方位

研判城乡发展战略，明确乡村发展格局。以“乡村振兴二十字方针”为目标，综合谋划全域乡村振兴统筹工作路径。结合地方实际，制定切实可行的全域乡村振兴总体发展定位、目标和战略。围绕总体发展定位，提出乡村振兴的核心策略体系。为相关部门乡村振兴工作行动方案、工作重点、工作路径等提供有效策略建议。从全域层面统筹考虑，通过核心示范节点、重要廊道形成乡村振兴示范轴带网络，由点到线及面，推动形成全域乡村振兴发展格局体系。

2. 谋划产业发展格局

构建新型现代产业体系，优化全域产业空间布局。一是合理引导全域乡村产业布局。结合全域乡村产业发展特色与优势，研判适宜的乡村现代化产业体系，防止产业同质化，引导培育乡村特色品牌体系建设。二是构建一、三产融合的特色产业体系。统筹扶贫产业、特色农业、传统手工文创产业、文旅产业等一、三产的区域融合发展，结合优质的生态本底探索智慧农业、都市农业、彩虹农业、亲子农业等新兴农业发展方向；三是谋划可实施的产业平台和产业项目建设。推动对田园综合体、现代农业示范园、田园景区、康养休闲基地等产业平台的搭建，同时结合现有产业项目和企业意向等确定产业振兴重点项目并建档入库。

3. 优化村庄三生空间

推进全域土地综合整治，优化村庄“生产、生活、生态”三生空间布局。助力开展全域土地综合整治，塑造具有本地特色的乡村三生空间品质。一是开展村庄闲置空间的整治与更新。重点对村小、老中学、老村部、窑厂、单位院落等公共空间资源，进行登记造册，按照宜工则工、宜农则农、宜游则游的原则，深入推进"村企联建"，全面激活村庄闲置空间；二是推动生产空间的现代化特色化培育。全面落实农业功能区制度，依托粮食生产功能区、重要农产品生产保护区和特色农产品优势区，合理规划谋划农用地整治项目，塑造特色生产空间；三是聚焦乡村重点生态空间治理。针对面源污染、河道沟渠等影响乡村生态环境的重点空间开展生态治理。通过以上三个方面，明确土地综合整治的重点方向与重点区域，以一个或多个村庄为单元，提出重点工程及项目，实施国土综合整治工程，优化三生空间。

4. 开展乡村建设指引

指导全域乡村建设，统筹乡村人居环境提升。一是着力推动重点村的综合能力提升，强化特色村庄的特色化塑造，推动一般村庄的人居环境提升，有序开展迁并村庄的稳定过渡；二是助力开展人居环境整治提升行动，统筹谋划垃圾污水处理设施的设施配置类别、区位布局、城市管网衔接等，依托村庄类型和特色，分类谋划公共厕所的规模、等级和风格特色，在重点村和特色村中规划建设一批具有示范意义的特色设施，提升人居特色；三是开展乡村建设引导，针对不同类型和特色的乡村开展分类建设指引，从地域民居建设、开放空间品质提升、公共建筑等地标塑造等方面，引导形成具有地域特色的乡村建设风格，引领乡村高品质建设发展。

5. 传承地域乡土文化

传承优秀历史文化遗产，塑造特色风貌，延续历史文脉。一是构建城乡一体的历史文化保护传承体系，系统挖掘梳理乡村地区文物保护单位、非物质文化遗产、农业遗产、水利灌溉工程遗产、传统村落等，构建城乡一体的历史文化保护名录和保护体系。二是探索与乡村相结合的历史文化传承利用路径和项目。依托村庄塑造历史文化记忆空间，推动文化博览、遗址纪念、文化旅游、文化创意、文化活动等特色空间的培育，打造魅力乡土空间。三是塑造本土乡村特色风貌，秉承"本土的就是世界的"理念，延续传承传统建筑风貌元素，推动新旧融合，推动新建建筑的历史延续性探索，打造既具有本土特色又融合新需求的村庄风貌与风格。

6. 完善城乡设施配置

统筹完善基础设施建设，提升公共服务设施配置。推动基础设施一体化和公共服务设施均等化配置，探索前沿性设施的创新植入。一是统筹完善基础设施建设。推动城乡交通运输一体化建设；推动农村地区能源改革，开展清洁能源建设；推动城乡全民健身，谋划全民健身工程设施配置模式；开展村庄绿化美化亮化行动。二是强化公共服务设施均等化建设。建议将设施分为乡村群级和村级，乡村群级村庄公共服务设施在区、镇层面进行区域统筹谋划。三是探索前沿性设施的创新配置。探索风光一体的光伏发电应用、新能源汽车充电桩建设，推动零碳乡村试点；探索数字化农业、数字化检测、数字化展示体验等设施的植入，加强智慧乡村建设。通过设施的一体化和均等化配置全面提升村庄的宜居性。

7. 探索乡村组织管理创新

运用“共同缔造”发展理念，构建现代乡村治理体系。探索构建现代乡村治理体系，推动乡村治理精准高效。一是运用“共同缔造”理念，探索适宜本地的共谋、共建、共管、共评、共享机制。形成可复制、可推广的以村民为主、以问题为导向的乡村治理模式，激活乡村建设的内生动力，降本增效。二是创新乡村治理方式，推进乡村治理数字化。探索数字化基础设施建设，探索建立偏远农村数字化服务普惠机制，构建城乡一体的数字化基础设施网络，整合构建统一的数据共享交换平台体系，打造高标准、可推广的乡村智慧管理经验。三是创新制度机制。探索村民议事、产权交易、公共设施供给、金融创新、技术培训等创新管理制度，保障示范建设的稳步推进。

8. 明确乡村营造项目清单

推动乡村振兴系统实施，构建落地实操项目清单。一是系统建立乡村振兴实施示范清单。从产业培育、生态保护、空间优化、乡村建设、文化传承、设施配置、乡村治理等多个方面统筹建设重点项目、重大工程清单，明确资金成本、实施时序和开发周期，以及预期效益。二是明确项目实施主体责任，建立专项领导小组，建立部门任务清单，明确责任主体、主要任务、行动成效，促进各项任务有序推进。三是探索多元资金筹措模式和乡村振兴开发模式。提出吸纳社会资本的可行模式和政策保障措施，全面护航乡村振兴。

5.2 乡村振兴发展路径探析

《国家乡村振兴战略规划（2018—2022年）》明确提出“分类推进乡村振兴，不搞一刀切”，并将村庄分为四大类型，即集聚提升类、城郊融合类、特色保护类和搬迁撤并类，每个类型村庄的发展路径也相应不同。通过乡村价值挖掘，现状优势、振兴潜力评价等开展系统评估，通过对乡村特征的把控，探索不同特征乡村的发展路径，分类施策，有的放矢。

乡村振兴的成功与否受多方面因素的影响，但产业兴旺是乡村振兴的首位，彰显了产业振兴在乡村振兴中的核心地位。总结以上案例中村庄的发展情况，同时系统梳理我国村落发展的影响因素，笔者认为影响村庄产业发展类别及差异的主要因素可归结为两大方面：第一是资源品质，第二是区域条件。资源品质是村庄发展的核心竞争力，主要包括村庄服务配套实施完善度、产业实力、文化价值、品牌影响力等。良好的资源品质可促进村庄向高品质产品过渡进而打造独有品牌影响力，得到综合发展。区域条件主要包括区位优势、周边资源条件、交通条件等，主要指村庄在大的产业市场腹地中所处的位置、区位及周边情况决定村落的市场腹地的大小，为村庄发展提供市场的支撑，是村庄发展的重要保障。

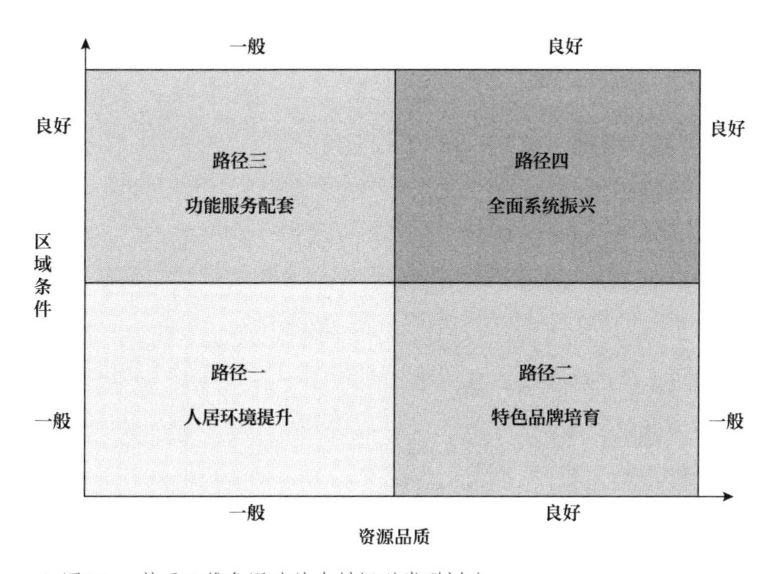

▲ 图5-1　基于二维象限法的乡村振兴类型划分

采用二维象限法，将资源品质与区域条件两个维度相关联，导出乡村的不同特性分类。二维象限法最初由Stokes[①]提出，是指以事物的两个重要属性作为分析的依据，进行分类分析，找出解决问题办法的一种分析方法。二维象限法能更直观地帮助分析者了解研究对象的核心特征，具有直观清晰，注重分类，尊重经验曲线，简便、简单，使用范围广等特征。村庄的资源品质高低与区域条件的关联情况对未来的发展方向和路径具有重要的决定意义，因此采用二维象限法指导分类，再根据分类结果的不同特性提出有针对性的发展路径、措施和方案。依据目前发展类型与等级，从产业振兴视角出发，探析乡村发展振兴四大路径。

5.2.1　路径一——人居环境提升

此类乡村资源品质与区域条件都较为一般，交通较为闭塞，远离旅游客源市场。村民一般保持原有的生活秩序。与此同时，自身在产业发展、民俗文化传承等方面发展基础欠佳，生产活动多限于自给自足的小农经济，几乎无外来投资，经济动力不足，无根本性的社会经济变革行为。甚至存在空心化现象，村民以外出务工为主，常住人口出现衰减趋势。村庄的人居设施配置以及环境风貌等均存在一定的匮乏。对于此类村庄来说，由于交通、资源以及产业基础等相对较弱，对其进行大量投入的效益回报不可控，外部投资的激发并不一定能够保证村庄突破现有状态，走向一个新的阶段。针对此类村庄特性，确有需求的可以考虑迁移拆并，对于继续保留的村庄提出以下乡村振兴发展建议。

乡村建设层面，在无社会资本参与的情况下激发内生动力，集中力量推动人居环境的提升是关键。主要包括严控传统风貌底线、配置公厕、垃圾污水处理、村庄卫生环境、完善养老等基本设施服务配套等方面。

在产业培育方面，建议产业类型以农业型或观光型为主。应在保民生的基础上，通过引导特色农业在一定程度上促进村庄发展。鼓励培育乡村农品特色品牌，推广适合当地农业生产的新品种。由于开发风险较大，尽量避免盲目大规模旅游开发。同时可以尝试促进农旅融合发展，通过农业观光采摘游对接古村落观光游，形成产业互补发展。

在资金与运营方面，建议在此类村庄中倡导开展“共同缔造”行动，在外在动力缺乏的情况下，通过政策补助+自筹资金方式，激发村庄内生动力，自主发展建设村庄。“共同缔造”的核心优势是节省成本，降低资金投入风险。目前开展的“共同缔造”试点村的实践经

---

① STOKES D E. Pasteur’s quadrant: Basic science and technological innovation[M]. Washington D. C. : Brookings Institution Press, 1997.

验说明，通过村民投工投劳方式，基础设施改造人工成本能够大幅降低（约40%）。

◆ 人居环境提升路径下的村庄发展指引　表5-1

简述	综合策略	乡村建设	产业发展	资金与运营	适用情况
资源品质与区域条件都较为一般，经济动力不足，甚至存在空心化现象，外部投资概率小	以保民生类人居环境整治提升为主，维持农业等基础产业发展	逐步完善村庄垃圾污水处理、村庄卫生环境、养老等民生保障设施配置，避免盲目开发建设	以农业发展为核心，在保民生的基础上，通过引导特色农业促进村庄发展，鼓励培育乡村农品特色品牌	在积极争取政策资金的基础上，采用"共同缔造"模式，激活村民的乡建热情，节省建设成本	村落区位闭塞，资源相对匮乏，所在区县经济实力较为薄弱，开发动力不足

5.2.2　路径二——特色品牌培育

位于此象限的村庄区域条件一般，但村庄现状资源品质较好，已形成较好的特色产业基础，或依托村域旅游资源形成了具有一定知名度的乡村旅游业态，亦或是文化资源丰富的古村落。特色农品专业村、乡村旅游专业村、传统村落、特色民族村寨等均属于此类别。此类村庄常住人口稳定，甚至吸引部分青年返乡创业，基础设施、公共服务设施、景点设施等的配置已基本成形，基本满足村民的需求。村庄步入了均衡稳定的发展回报阶段。但大部分村庄的产业层级依然不高，产业链体系不健全，产品附加值较低，依然有较大的转型提升空间。突破现有状态需要的是创新驱动，基于特色资源优势的特色化发展是关键。在现有资源和产业优势基础上通过产业的转型升级、文旅业态的品质提升、特色文化体验业态的培育打造，突破现有的稳定状态，向更高级水平发展。在乡村振兴过程中可注意以下几个方面。

在乡村建设方面，围绕核心特色方向推动设施的高品质更新、特色文化空间的打造是核心。主要推动文化特色景观空间、文化体验空间、特色方向相关设施等的更新和改造，围绕村落重要公共空间节点，塑造与村庄特色相契合的更有风貌感知力的空间。

在产业培育方面，基于不同的特色类别开展相应的特色产业转型提升探索，在特色方面内部探索产业链的延伸体系，培育特色化专业村。对于传统村落等文化型或者旅游型特色村庄，在创新驱动下，探索文化体验场景的营造（如沉浸式体验）、传统故事的戏曲演艺、特色乡土美食的开发、传统非遗的活化利用等，建立文化品牌Logo，推动文化创意产业的发展，建立文化产品矩阵，提升村庄文化产品的综合吸引力。对于特色农品型村庄，应以产业链的延伸、产品深加工、产品包装与品牌设计等为提升方向，提升产品附加值，拓宽产品渠道。

在资金与运营方面，此类型的向上突破，资金投入不是关键，关键在于创新与人才，以及精细化的运营。鉴于这些领域的专业性，建议在美食开发、活动运营、非遗活化、高端民宿等方向引入专业的社会团体，在农业发展上，形成产业联盟，公司专业化运营。共同推动创新，共谋共建。政府更多起到统筹谋划、人才引入等辅助作用。运营依然建议以村集体为主导，与专业社会团队利益共享。

◆ 特色品牌培育路径下的村庄发展指引　　表5-2

简述	综合策略	乡村建设	产业发展	资金与运营	适用情况
区域条件一般但资源品质较好，村庄在产业、文化、旅游等方面已形成较好的基础优势	以培育特色专业村为核心，在特色方面延伸培育产业链条，打造具有品牌影响力的专业强村	推动文化特色景观空间、文化体验空间、特色方向相关设施等的更新和改造	基于不同的特色类别开展相应的特色产业转型提升探索，探索产业链的延伸体系，培育特色化专业村	资金投入不是关键，关键在于创新与人才，以及精细化的运营。同时，以村集体为主导，与专业社会团队利益共享	特色资源丰富，特色产业基础较好的集聚发展型村落

5.2.3　路径三——功能服务配套

位于此象限的村庄区域条件较好，但资源品质较为一般。此类村庄要么紧邻知名景区，要么具有良好的交通条件，或者位于城市郊区，在抓住这些区位优势的前提下，往往能够发展成外向型产业村。主要类型有景区服务型、旅游休闲型、商贸流通型等。其未来发展的核心是充分利用区域条件优势，通过服务品质的提升，增强休闲服务等的参与性、体验性、娱乐性和吸引力，进而弥补物质资源品质上的短板。此类村庄基础设施、旅游服务设施、景点设施等的建设较为完善，基本满足村民与游客的需求，村落常住人口稳定，甚至吸引部分青年返乡创业。但大部分村庄以餐饮、特色民宿等为主，业态较为相似，特色不足，有同质化倾向，休闲服务的持续吸引力有待提升。针对此类村庄特性，提出以下乡村振兴发展建议。

在乡村建设方面，应以提升服务品质为核心，推动品质提升型设施配置，有条件的乡村应在现有设施功能基础上，探索空间特色化再造，推动文化特色景观空间的更新和改造，围绕村落重要的公共文化空间节点，塑造更有感知力的品质空间，提升服务硬件水平。

在产业培育方面，应推动“景村融合”发展。将景区与乡村看作一个系统，促进景区与村庄客流共享、功能互补发展。促进“城村融合”发展，培育都市现代农业、城郊休闲、研学科普等服务城市居民的产业。探索提高附加值的休闲服务产品的开发，可结合生态环境优势，引入高端度假类项目，系统建立“商、养、学、研、情、奇”休闲服务产业体系，提升整体服务品质。在环都市圈地区、大中城市周边地区、风景名胜周边地区、传统特色农区等，打造一批休闲农业和乡村旅游示范区，把特色美丽乡村打造成城市消费者的休闲旅游目的地。

在资金与运营方面，此类型要想突破中低品质的现状，无论是设施投入还是空间改造，资金投入量都比较大。建议引导成立旅游专业合作社，通过“政府扶持+合作社引导+村民示范”的方式孵化旅游服务业态，通过奖补的方式带动有魄力的经营户及专业的旅游运营企业开展特色餐饮民宿等服务。景点设施、服务设施建设可尝试引入社会资本。

◆ **功能服务配套路径下的村庄发展指引**　　表5-3

简述	综合策略	乡村建设	产业发展	资金与运营	适用情况
区域条件较好但资源品质较为一般，多依托于周边优势条件或资源发展成服务型村庄	以提升服务品质为核心，推动“景村融合”“城村融合”发展	推动品质提升型设施配置，围绕村落重要公共文化空间节点，塑造更有感知力的品质空间	发展培育景区服务业和都市休闲服务业，系统建立“商、养、学、研、情、奇”服务产业体系	引导成立旅游专业合作社，通过“政府扶持+合作社引导+村民示范”的方式孵化旅游服务业态	城郊型村庄、景区周边村庄、重要交通节点村庄

5.2.4　路径四——全面系统振兴

此类村庄区域条件较好，一般拥有较大的区域市场腹地，同时资源品质也很高。具有较强的开发价值，易发展为综合振兴型村庄。此类村庄发展的速度较快，有能力不断推进产业的动态优化和升级，未来传承利用的潜力依然较大。村庄人口活力较大，甚至吸引了部分返乡创业青年、设计师、艺术家、企业家等入驻。文化品牌已经形成一定的区域知名度，有能力打造具有全国影响力的文化品牌。但普遍出现的问题是产业的品牌化提升不足，附加值有待进一步提升；用地供给与较高的旅游功能需求往往不匹配，如停车空间、厕所公共服务空间等与较大的需求不匹配，建设用地指标不够；新建的需求量较大，对新建的风貌管控资金量大，需要政府重点扶持。针对此类村庄特性，提出以下乡村振兴发展建议。

在乡村建设方面，建议以设施品质再提升为核心，宜按照AAA级及以上景区的标准全面提升设施服务品质，健全服务功能体系，推动村落旅游向景区化、旅游运营专业化、文化IP化、泛旅游链条化等方向发展。

在产业发展方面，建议探索“农业+文化+商贸+民俗+旅游”多元产业发展模式，注重业态的迭代升级。一是凝练村庄品牌，构建品牌的宣传、展示、产品开发、节庆活动等体系，打造具有区域影响力的村庄。二是注重文化创意产业的培育，通过吸引青年艺术家，返乡大学生等创意群体进驻村庄，形成某一领域内重要的文化品牌符号。培育居住区与商业区相结合的工坊社区发展模式，引导成为文化创意产业带动型村庄。三是着重推动旅游空间的再拓展，由单核旅游向多核旅游迈进，可探索将周边的优质生态景观、人文景观纳入景区统一打造，或者带动周边村庄形成联合体，打造大景区概念。一个成熟的旅游景区开发，门票收入只占总收入的1/8，应依托旅游，通过旅游业与其他产业的融合发展，打造泛旅游产业链，进行综合开发。

在资金与运营方面，尽管村庄进入这个阶段自身发展实力较好，但由于设施品质提升和旅游空间拓展的需求较大，资金需求依然很高。政府在这个阶段需要提供更多的支持，解决用地指标不足、公共空间建设营造、品质提升型设施建设等回报不经济类项目的资金不足问题，并应有一定的话语权，防止村庄发展过于商业化。因此建议混合式发展运营模式，即由村集体、专业旅游开发运营公司和区镇政府联合成立综合旅游发展运营公司，多方主体共同参与开发运营，发挥各自优势，统筹各方利益。

◆ **全面系统振兴路径下的村庄发展指引** 表5-4

简述	综合策略	乡村建设	产业发展	资金与运营	适用情况
区域条件较好，同时资源品质突出，多依托于周边优势条件或资源发展成服务型村庄	建立设施高品质、产业多元化的综合型乡村，打造具有区域影响力的品牌型村庄	按照AAA级及以上景区的标准全面提升设施服务品质，健全服务功能体系	探索“农业+文化+商贸+民俗+旅游”多元产业发展模式，注重业态的迭代升级	探索混合式发展运营模式，即由村集体、专业旅游开发运营公司和区镇政府多方主体成立平台，共同参与开发运营	区域条件优越、产业基础雄厚的区域重点村、先行示范村

5.3 全面深化“共同缔造”的乡村营造模式

无论是永春县西安村的文化复兴行动，还是德化县美湖镇的全过程闭环乡建，抑或北京“百师进百村”乡村营造活动，都能看到“共同缔造”在乡村振兴中的实践应用与探索。“共同缔造”是实现乡村振兴的认识论和方法论，旨在促进美好环境与和谐社会的共同发展，建设以人为本的乡村，是政府、村民、规划师等协商共治、建设美好人居环境的行动，从而打造共建、共治、共享的社会治理格局。“共同缔造”的主体是村民，参与是关键，制度作保障，从而构建党委领导下纵向到底、横向到边、协商共治的治理体系。基于上文乡村营造案例实践，同时结合我国“共同缔造”典型村庄经验，系统梳理归纳“共同缔造”的关键策略和路径。

5.3.1 建立“纵向到底，横向到边”的共管机制

1. 建立“纵向到底”部门统筹管理机制

建立一根红线穿到底的纵向机制推动农村党建根基延伸到最基层，将党的领导从市/县党委到镇党委到村党支部再到每位党员贯彻到底，将政府服务从县政府到镇政府到村委会再到村庄，组织到每一位村民服务到底。建立部门统筹管理机制，注重厘清政府发挥作用的途径，明确政府的主要职责是出方案、定标准、严考核。明确涉及农村工作的各部门职责，强化统筹推进，将部门任务清单与乡村振兴结合起来，通过设立产业、生态、文化、组织、设施等“大专项”，统筹各职能部门工作任务和工作职责，将部门任务清单纳入创建指标体系，实现“渠道不乱、用途不变、各负其责、各记其功”的美丽乡村“共同缔造”机制。

2. 建立“资金共管账户”及监督机制

建议探索建立以县为单位，设立涉农资金大专项，将原来分散在不同部门、不同项目、不同渠道的涉农资金统筹起来，注入一个资金池，整合成农业综合发展、农业生产发展、水利发展、林业改革发展、农村社会发展、扶贫开发等专项内容。建立以奖代补制度，用于奖励具有正面影响性、公益性、成效好、参与度高的乡

村建设类项目、服务类项目、活动类项目等，调动村民、企业、社会组织等共同缔造的积极性。例如清远市充分发挥其作为全国涉农资金整合优化试点市的契机，整合优化各级涉农资金，支持人居环境整治建设美丽乡村。通过“大专项”捆绑财政涉农资金，建立“一池一库六类别”涉农资金整合机制，通过项目载体统筹“任务清单”。县（市、区）建立完善的本地区农业农村发展项目库，以项目为整合涉农资金的承接平台。通过财政资金撬动金融资本。将涉农资金整合后作为资本金，融资放大4倍于资本金的信贷资金投入项目建设。

3. 搭建“横向到边”的村民自治组织

在党委领导下，“横向到边”旨在将每个村民都纳入一个或多个村庄社会组织，包括新型农村合作社、乡贤理事会、村民理事会、监督小组、兴趣活动小组等，让他们在组织中能够找到自己的位置，自觉参与组织的活动，约束和规范自己的行为，不断增强归属感、自豪感和责任感。例如住房和城乡建设部共同缔造试点村青海省大通县景阳镇土关村，经过数次组织发动，成立了村庄横向到边的“1+4N”的村民组织架构，将全体村民按照各自需求和喜好纳入4类组织，做到每一个村民都参与。“1”即以村党支部为核心，“4N”包括：村庄合作社——传统建筑施工合作社、土豆种植合作社、中草药种植合作社；村庄理事会（工作小组）——选举党员张祖云担任村庄环境整理理事会理事长、村支书童知全为村庄绿化理事会理事长；村民协会——村庄青年发展协会、村民歌舞协会、村民手工艺协会等；村庄监督委员会——财务监督小组、施工监督小组、村庄环境共同评价小组、党员分区监管小组。

5.3.2 探索村民主体的共谋共建模式

发挥以村民为主体的乡村建设行动，难点在于如何调动村民的积极性和主动性。应通过村民培训会、座谈会、专题讨论会以及优秀村庄参观学习等方式，引导村民从“观望”逐步转向“关注”，充分调动村民参与的积极性、主动性。并通过找到村民容易参与的切入点，从房前屋后、街头巷尾、公共空间等群众身边的小事做起，动员村民出钱、出物、出力、出办法，使村民的观念由“要我建”转变为“我要建”。

针对住房和城乡建设部共同缔造试点村青海省西宁市湟中县黑城村的乡村建设施工工作，村两委与振兴理事会牵头成立了村里无偿投工投劳的“共建小组”，由村里有威望的能人担任组长。建设管理部为共建小组成员定做了胸牌、队旗、功绩碑。通过村民投工

▲ 图5-2　黑城村村民投工投劳上山采石

▲ 图5-3　黑城村村民投工投劳建设村史馆

投劳制度的确立，大幅度节约了施工建设的人力成本。用工成本由施工承包方式的每人每天近200元降低到约100元，挖掘机械设施由每天1500元降低到每天900元，仅给水工程一项的人工成本就预期节约近9万元，比之前传统施工承包方式节约了40%。50余人主动无偿上山采石，用于村路、巷路两侧环境美化。中心广场和健身广场仅石材一项就节省材料成本12万元。通过共同缔造工作，黑城村人居环境改善显著，同时以村民投工投劳、自愿出资、就地取材、废料利用等多种方式共节省建设成本合计270余万元。全村基础设施改造工程的劳动力均为村民，挖掘机等施工设备也由村民提供，4个月累计投入近800人次。通过村民投工投劳方式，基础设施改造人工成本大大降低，节约项目人工成本约40%。

5.3.3　建立"效果共评"的成效验收机制

针对村庄的乡村建设成效探索多元化的评估机制。村庄建设改造好不好，不能只看专家和领导。针对村民关心的事项拟定村庄议事规则，探索邀请党组织、村民、专家、社会组织、辖区企业等多方代表进行评议，积极开展可激发村民自治热情的各类评选活动，在参与中达成共识，在建设中形成共管。通过多方协商形成发展共识，让决策更加符合村民需求。同时为规范共评，应进一步明确评选的工作方案、遴选参评项目、共评标准与方法，以及成效奖励机制等，激发传统村落共同缔造的积极性。建立长效共管机制，实现村庄长效管理，保障村民有序参与乡村治理，提升共治能力。诸如住房和城乡建设部共同缔造试点村青海省大通县景阳镇土关村，由村小学生和中学生组成的"小手拉大手"村庄环境共同评价制度，每周对村民室内、院落和宅旁屋后公共空间卫生整洁状况进行打分评价，并张榜公示结果，通过奖励先进带动村庄环境卫生意识的提升。中小学生作为村庄公共环境评价的主体，较少受到人情关系的影响，相对公平公正，同时还有助于培养他们具有良好的环境意识。

5.4 实施保障机制探索

5.4.1 探索更为灵活的土地要素保障机制

1. 探索建立重点村庄戴帽下达用地指标配额机制

对综合振兴型村庄、特色振兴型村庄以及休闲服务型村庄，其现状发展速度和未来发展潜力最大，因此用地需求也较大。建议探索建立此类村庄戴帽下达建设用地指标配额的机制。县政府每年安排专项新增建设用地指标，优先用于综合振兴型村庄的发展用地需求，依法解决以乡村一、二、三产融合发展为依托的乡村经济发展用地问题。积极推动乡村建设用地指标和土地综合整治项目结余指标优先满足此类村庄的农房改造、基础设施、公共服务设施的建设需要。

2. 探索“点状供地”的灵活机制

一是探索建立“点面结合、差别供地”模式。针对不同的个体项目，具体问题具体分析。对实施点状布局单体开发的项目地块，按地块独立供地；对点状布局整体开发的项目地块，采取多个单体组合开发供地的模式；对于生态保留用地可以以租赁方式供给，而符合划拨用地要求的，也不排除采用划拨方式供给。二是建立“征转分离、分类管理”模式。对于试点项目区域内建设占用土地，需要严格遵循“用多少、征多少、建多少、转多少”的基本原则，按建设用地进行管理，依照程序办理农用地转用以及土地征收等一系列的手续；林地、草地等生态保留用地，需要在办理征收手续之后，仍然按照原土地用途管理使用，以便于加快建设用地的有效供给。三是支持农村集体经济组织和承包人利用非农耕用地、林权、集体土地承包权，在不改变土地用途的前提下，以作价出资、投资入股、租赁方式，与社会资本共同发展乡村产业项目。

3. 推动盘活存量用地资源，高效用地审批

开展乡村营造建设要符合美丽乡村规划，挖掘潜力，用好存量土地，做到集约节约用地。鼓励盘活利用农村存量集体建设用地和空闲农房，依法从事乡村休闲、旅游、养老等产业和农村三产融合发展。鼓励农村集体经济组织依法使用建设用地自办或通过入股、联营等方式开展符合乡村营建实施方案的建设项目。鼓励和支持开展农村宅基地自愿有偿退出制度，盘活农村闲置建设用地，提高土地节约集约利用水平。鼓励各地结合本地区实际，研究制定对农村重点项目的用地保障机制与措施，支持乡村休闲旅游、康体养老等新兴产业和农村三产融合发展。

在规划中落实保障计划。在国土空间规划编制中综合考虑乡村一、二、三产融合发展用地，保障村庄下一步发展、利用、传承工作有序进行。对乡村振兴相关工程招投标、项目报建、审批提供绿色通道。针对人员紧缺、业务分散的现实情况，改革现行模块化业务运行模式，建立规划、征地、挂牌、供地、登记全业务链用地服务保障机制，实现“全流程指导、一次性告知、加速度挂牌”目标，压缩土地手续办理总时限，加快项目落地步伐，助推村庄相关产业优化布局。

5.4.2　探索接地气的金融支持措施

1. 针对优质村庄拓宽农业农村抵质押物范围，创新多样贷款类型

推动精品古民居、特色农品种植基地、加工厂房抵押、圈舍和活体畜禽抵押、动产质押、仓单和应收账款质押、农业保单融资等信贷业务，依法合规推动形成全方位、多元化的村庄资产抵质押融资模式。积极稳妥开展林权抵押贷款，探索创新抵押贷款模式。探索推出“农业农村生态产品价值抵押+信用”“农业农村生态产品价值抵押+保证”“农业农村生态产品价值抵押+其他抵押”等多种模式，增加信贷可操作性。鼓励依法依规利用PPP、众筹、“互联网+”、专项建设基金、发行债券等新型融资模式，吸引更多社会资本参与乡村营造建设。

2. 建立“乡村振兴金融贷”绿色通道

支持引导金融机构对乡村营造的金融信贷支持进行系统设计，优先配置信贷资源，适度放款乡村建设项目准入条件，通过产业链融资、特色抵质押贷款等方式，在乡村产业、设施等营造方面加大信贷支持力度。明确“乡村振兴金融贷”的相关制度和操作流程，对该项贷款实行绿色通道，从调查审批到贷款发放，实行快速限时办结制度。重点村庄要发挥财政资

金引导作用，综合运用贴息、以奖代补、担保补贴、风险补偿等方式，吸引金融和社会资本规范、有序、适度参与乡村营造试点建设，为乡村营造提供资金保障。在贷款利率方面，实行优惠政策，收取低于一般贷款产品利率的价格。同时探索政府+信用社等共同担保机制，提升该类贷款的不良容忍度，消除银行“惧贷、惜贷”心理，提升放贷信心。

3. 推动“1+2+N”普惠金融到村行动

优先在综合振兴型村庄中，尝试打造1个普惠金融到村基地，建设金融综合服务示范站、金融消费权益保护与金融知识宣传站2个站点，并搭载N个助推村落金融支持的行动计划，加快建设中小企业信用担保服务体系，鼓励各类创业风险投资机构和信用担保机构对发展前景好、吸纳就业多、运用新业态的村庄项目开展业务。

5.4.3 建立全方位的人才支持政策

1. 探索建立全方位、全行业设计下乡组织形式

借鉴浙江驻镇规划师、成都乡村规划师、北京“百师进百村”等经验和做法，以解决村庄产业、生态、人居环境等突出问题为主攻方向，结合各村实际需求，有重点招募企业设计团队、高校教师、责任规划师、当地乡村工匠、社会公益组织、社会工作者等参与到下乡工作中，服务村庄建设发展。推动村庄和下乡人员进行双向互选，确定合作关系，且向社会公布，并探索建立本地区设计人员驻村的服务模式。地方住房和城乡建设局要与设计单位建立对口合作机制，签订中长期服务协议，逐步做到每个重点村庄都有设计人员提供长期跟踪服务。加强对设计下乡人员的组织和培训，宣传贯彻符合传统村落实际的乡村规划建设理念，推行美丽乡村共同缔造的工作方法。注重保护和传承传统村落特色，打造“百里不同风、十里不同俗”的村落风貌，防止大拆大建和乡村景观城市化、西洋化。支持从农村走出去的懂建设、爱农村的企业家、技术人员、退休干部等返乡服务。以“下乡设计师”为桥梁，切实解决一批村庄发展面临的现实问题；探索形成一批可实施、可复制的乡村营造技术方法；推动立项一批多样化、效益强的乡村产业振兴工程。

2. 建立乡村工匠认定与培训制度

乡村建设不同于城市，应依托乡土特色建立具有地域独特性的乡村风貌。因此应长远考虑，建立具有乡村建设专业度的乡建团队，培育乡村建设、乡村运营、乡村管理的专业人才。建议每个地域结合自身地域特色研究制定《工匠认定与管理办法》，特别是传统建筑修

缮工匠应每年认定一次。明确申报条件、通过专家委员会认定的合格人员名单。对考核合格的乡村共建或乡村专业人才，公布名单并授予登记证书。重点对传统村落相关保护修缮类项目，建立传统工匠定期培训制度，为地域传统村落保护利用积累技术人才。

3. 继续深化“专家挂点”“高校基地”等共建模式

支持高等学校、职业学校发动师生利用寒暑假下乡服务，动员优秀设计人才带领优秀团队下乡服务，引导设计师、艺术家和热爱乡村的有识之士以个人名义参与乡村营造设计服务。明确挂点专家的职责分工，以及年度工作要求。规范化高校乡村振兴共建基地建设的合作内容，促进保护利用的重点共建任务。组织开展以乡村振兴为主题的“大学生下乡”社会实践活动，从高校选拔一批规划建设专业的优秀大学生，利用假期深入村庄驻村实习，为乡村振兴提供战略人才储备。

5.4.4 探索建立乡村振兴长效管护机制

1. 设立管护动态评估机制

针对乡村地区存在的“重建设轻管护”“有人用没人管”等问题，完善建设和管护长效机制落实不同主体管护责任是关键。各地根据实际情况，可将农村公共基础设施管护的主体分成五类，即地方政府、行业主管部门、基层组织、运营企业和受益群众。统筹考虑政府事权、资金来源、受益群体等因素，在明确设施权属的基础上，逐一明确各类主体的管护责任，地方政府承担主体责任，行业主管部门负有监管责任，基层组织对所属设施管护承担直接责任，运营企业承担所属设施管护的法定责任，受益群众履行社会责任。

2. 创新分类型管护机制

根据设施用途、经营属性、回报收益等因素，可将示范项目分为非经营性、准经营性和经营性三类。一是完善非经营性项目政府或村级组织管护机制，按照权属关系，由地方政府或村民自治组织分别管护，鼓励通过购买服务、设立物业管理机构和公益性管护岗位等方式进行管护。二是健全准经营性设施多元化管护机制，由运营企业、村级组织和地方政府共同管护，运营管护企业可采取市场化方式择优确定。三是创新经营性设施市场化管护机制，由运营企业自行管护，也可委托第三方管护，鼓励运营企业与村级组织、农民专业合作社开展管护合作，聘用农民管护员参与管护。

3. 推动建立建设和管护同步落实制度

“先建机制，再建工程”，地方应在项目规划设计阶段就提前明确各建设工程的管护主体、责任单位和后续经费保障情况，并鼓励有条件的地区健全完善财政补贴和农户付费合理分担机制，切实建立起有制度、有标准、有队伍、有经费、有督查的农村人居环境管护机制，确保项目长期发挥效益。

图书在版编目（CIP）数据

乡村特色营造实践与探索 / 单彦名等著. —北京：中国建筑工业出版社，2024.1
（历史文化城镇丛书）
ISBN 978-7-112-29447-3

Ⅰ. ①乡… Ⅱ. ①单… Ⅲ. ①乡村规划—建筑设计—中国 Ⅳ. ①TU984.29

中国国家版本馆CIP数据核字（2023）第244979号

责任编辑：杨　晓　唐　旭
责任校对：李美娜

历史文化城镇丛书
乡村特色营造实践与探索
单彦名　田家兴　宋文杰　田靓　等著
*
中国建筑工业出版社出版、发行（北京海淀三里河路9号）
各地新华书店、建筑书店经销
北京锋尚制版有限公司制版
北京云浩印刷有限责任公司印刷
*
开本：787 毫米×1092 毫米　1/16　印张：8½　字数：172 千字
2024 年 5 月第一版　　2024 年 5 月第一次印刷
定价：**68.00** 元
ISBN 978-7-112-29447-3
（42197）